农业生态实用技术丛书

U0381142

生 态
养奶牛新模式

SHENGTAI YANGNAINIU XINMOSHI

农业农村部农业生态与资源保护总站　组编

翟瑞娜　主编

中国农业出版社

北　京

图书在版编目（CIP）数据

生态养奶牛新模式 ／ 翟瑞娜主编.—北京：中国农业出版社，2020.5

（农业生态实用技术丛书）

ISBN 978-7-109-24669-0

Ⅰ．①生… Ⅱ．①翟… Ⅲ．①乳牛－饲养管理 Ⅳ．①S823.9

中国版本图书馆CIP数据核字（2018）第221704号

中国农业出版社出版

地址：北京市朝阳区麦子店街18号楼

邮编：100125

责任编辑：张德君 李 晶 司雪飞 文字编辑：张庆琼

版式设计：韩小丽 责任校对：周丽芳

印刷：北京通州皇家印刷厂

版次：2020年5月第1版

印次：2020年5月北京第1次印刷

发行：新华书店北京发行所

开本：880mm×1230mm 1/32

印张：4.5

字数：90千字

定价：36.00元

本书编写人员

主　　编　翟瑞娜

副 主 编　蔡传江　　胡志勇

参编人员　董旭晟　李　可　张　甜

　　　　　程冠文　袁　朋

序

中共十八大站在历史和全局的战略高度，把生态文明建设纳入中国特色社会主义事业"五位一体"总体布局，提出了创新、协调、绿色、开放、共享的发展理念。习近平总书记指出："走向生态文明新时代，建设美丽中国，是实现中华民族伟大复兴的中国梦的重要内容。"中共中央、国务院印发的《关于加快推进生态文明建设的意见》和《生态文明体制改革总体方案》，明确提出了要协同推进农业现代化和绿色化。建设生态文明，走绿色发展之路，已经成为现代农业发展的必由之路。

推进农业生态文明建设，是贯彻落实习近平总书记生态文明思想的必然要求。农作物就是绿色生命，农业本身具有"绿色"属性，农业生产过程就是依靠绿色植物的光合固碳功能，把太阳能转化为生物能的绿色过程，现代化的农业必然是生态和谐、资源可持续、环境友好的农业。发展生态农业可以实现粮食安全、资源高效、环境保护协同的可持续发展目标，有效减少温室气体排放，增加碳汇，为美丽中国提供"生态屏障"，为子孙后代留下"绿水青山"。同时，农业生态文明建设也可推进多功能农业的发展，为城市居民提供观光、休闲、体验场所，促进全社会共享农业绿色发展成果。

农业生态文明思想起源于古老的中国，中国自春秋时期就懂得用地养地的道理以及物理杀虫、人工除草等做法。农牧结合、稻田养鱼、桑基鱼塘等农业生态模式在历史上曾经极大推动了文明和经济的发展。当前，我国农业生态文明建设已进入提供更多优质生态产品以满足人民日益增长的优美生态环境需求的攻坚期，也到了有条件、有能力发展环境友好农业的窗口期。多年来，从事农业生态研究的学者和实践者扎根农业生产一线，按"整体、协调、循环、再生"的原则，围绕农业生态文明建设开展了广泛、系统的实践和研究，探索总结出了丰富多样的应用技术。

为推广农业生态技术，推动形成可持续的农业绿色发展模式，从2016年开始，农业农村部农业生态与资源保护总站联合中国农业出版社，组织数十位业内权威专家，从资源节约、污染防治、废弃物循环利用、生态种养、生态景观构建等方面，多角度、多要素、多层次对农业生态实用技术开展梳理、总结和归纳，系统构建了农业生态知识体系，编写形成了《农业生态实用技术丛书》。丛书中的技术实用、文字简洁、步骤详尽、脉络清晰，技术可推广、模式可复制、经验可借鉴，具有很强的指导性和适用性，将为广大农民朋友、农业技术推广人员、管理人员、科研人员开展农业生态文明建设和研究提供很好的参考。

2020年4月

▌前言

　　生态养殖是指运用生态学原理，保护生物多样性与稳定性，合理利用多种资源，以取得最佳的生态效益和经济效益。简单地说就是在环保的同时也能增加养殖奶牛的收入。生态养奶牛是实行畜牧业可持续发展的重要途径，并且具有很高的应用前景。本书介绍了生态养奶牛的意义、发展现状及面临的挑战和机遇，同时针对牧场规划设计、奶牛的饲养管理及粪污处理三个影响生态牧场发展关键点进行了重点的阐述。

　　第一部分论述了生态养奶牛的基本概念、原理、机遇与挑战以及前景。从基础的角度告诉读者什么是生态养奶牛，为何要生态养奶牛。第二部分简介了目前国内与国外的生态农业的概况，介绍了农田生态系统、畜禽养殖和养鱼系统、蚯蚓养殖系统、西北果园"五配套"生态养牛模式、草基循环农业模式等几种生态养奶牛的模式，并且阐述了生态养奶牛的重要性。从具体例子告诉读者生态养奶牛的方法和好处。第三部分从奶牛福利的角度，论述了奶牛场的规划设计，以及牛舍内部的构造。运用奶牛信号的方法，对奶牛体况评分、瘤胃充盈度评分、乳头评分等各项评分方法加以解释和说明。适合于读者对牧场进行评估，以便于更好地改善牧场环境，构建生态奶牛场。在重视奶牛福利的同时，最大化牛场的经济效益。第四部分从奶牛营养的角度，论述了如何提高奶牛的经济效益。

分别从犊牛和围产牛这两个奶牛的重要时期的营养特点和营养需要方面进行说明，并介绍了不同饲料的特点及分类，以及增加奶牛饲料转化率的措施和方法，从而进一步提高奶牛日粮中各种元素的利用率，减少粪便中的氮磷污染，实现奶牛的生态养殖。第五部分针对目前的环保问题，详细论述了生态牛场的粪污处理问题。分析了牛场产生污染的类型和危害，并且介绍了国家相关法律和粪污处理原则，对国内外各种粪污处理方法进行详细的说明，最终实现牛粪处理因地制宜，使奶牛养殖与种植业同步地按比例协调发展，建设良性生态农业，走生态农业之路，把奶牛粪尿变害为利，变废为宝。

本书从生产实际出发，紧密结合当前国内外的生态养牛模式，编写时力求做到先进实用，通俗易懂，图、文、表具备，在结合我国现阶段的奶牛养殖模式下，突出了生态养殖的重要性，在生产实践中具有一定的指导性。

生态养殖将是未来畜牧业发展的主要方向，在目前的环保政策下生态养殖也是大势所趋。通过对本书的阅读，读者将会对生态养奶牛概念及如何实现生态养奶牛有清晰的了解，并且明白为什么要生态养奶牛？国内外有哪些生态养殖模式？怎么生态养奶牛？本书从奶牛福利、奶牛饲喂以及牛场粪污处理等多个方面出发，结合具体问题对牛场的生态规划提出建议。本书内容通俗易懂，简明实用，适合不同规模奶牛场相关技术人员阅读。

编　者

2019年6月

目录

一、概 述

　　本部分论述了生态养奶牛的基本概念、原理机遇与挑战以及前景。从基础的角度告诉读者什么是生态养奶牛，为何要生态养奶牛。生态养殖是指运用生态学原理，保护生物多样性与稳定性，合理利用多种资源，以取得最佳的生态效益和经济效益。简单地说生态养奶牛就是在环保的同时也能增加养殖奶牛的收入。生态养奶牛是实行畜牧业可持续发展的重要途径，并且具有很高的应用前景。

（一）生态养奶牛的概念

　　生态养殖是在我国农村大力提倡的一种生产模式，其最大的特点就是在有限的空间范围内，人为地将不同种的动物群体以饲料为纽带串联起来，形成一个循环链，目的是最大限度地利用资源，减少浪费，降低成本。利用无污染的水域如湖泊、水库、江河及天然饵料，或者运用生态技术措施，改善养殖水质和生态环境，按照特定的养殖模式进行增殖、养殖，投放无公害饲料，也不施肥、洒药，目标是生产出无公害绿色食品和有机食品。相对于集约化、工厂化养殖方式来说，生态养殖是让畜禽在自然生态环境中按照自身原有的生长发育规律自然地生长，而不是人为地制造生长环境和用促生长剂让其违反自身原有的生长发育规律快速生长。如农村一家一户少量饲养的不喂全价配合饲料的散养畜禽，即为生态养殖。随着人们生活水平的不断提高，用集约化、工厂化养殖方式生产出来的产品品质、口感均较差，已不能满足广大消费者日益增长的消费需求，而农村一家一户少量饲养的不喂全价配合饲料的散养生态畜禽因其产量低、数量少也满足不了消费者的对生态畜禽产品的消费需求，因而现代生态养殖应运而生。

生态养奶牛是生态养殖的其中一方面。生态养奶牛业是以种植业为基础，以现代设施农业为延伸，满足人们对牛奶的高度需求的过程。生态养奶牛的最大特点之一就是变废为宝，对营养物质多层次地分级利用，实现无废物、无污染生产。生态养奶牛通过建立生态工程模式，使得奶牛的生产走向良性循环轨道，有效地解决了粪便、污水的污染问题，同时大大地提高了生产效益。

（二）生态养奶牛的原理

畜牧兽医技术是敲开生态养奶牛大门的两块敲门砖，"畜"就是田上的玄机，"牧"就是牛的文章，"兽医"就是拿着箭和盾保护动物的人们，从此生态养牛这个专业术语被赋予了很深的涵义，那就是弄清田上的玄机，做好牛的文章，还要保护好动物等。

这样就有五个问题摆在我们眼前，那就是农田的管理和利用、光热的管理和利用、草的管理和利用、牛的管理和利用、粪的管理和利用。这五个问题中最容易被忽视的就是光热的管理和利用、草的管理和利用、粪的管理和利用。若把这五个问题解决好了，相互间的关系处理好了，生态养奶牛概念的精髓和理论的精华就不难理解和掌握。

1.农田的管理和利用

耕地全部播种制种玉米，形成制种玉米产业，形成使农民走上致富道路的黄金产业，农民在这个产业中要投入很多的精力和时间，要管理到位，应该施入发酵好的有机肥，种出来的粮和菜应是绿色无污染的，要大力提倡使用发酵好的有机肥。有机肥的制取采用粪便和粉碎的植物秸秆混匀堆放发酵方式，一般发酵时间为20天左右。植物的防病治病和动物的一样，应该是在虫病最脆弱的时候来防治，而不是在病来时才防，做到预防为重。春耕秋收之时消灭最好，秋收之时把有污染的草全部青贮氨化，通过发酵消灭虫害；春播之时集中将防虫害药施入田埂下和地拐处。需要注意的是，必须有一段时间的空置灭虫期，不能连续使用，更不能重茬。

2.光热的管理和利用

光是人类活动的基础性能量，光能只有通过绿色植物的光合作用才能被固定下来，再通过食物链被分配到人和动物，也就是说植物只有在光热资源充足的条件下才能合成大量的物质和能量。但人们在生产生活中通过燃烧田上的废弃物和动物的粪便来取暖或做饭，并以为这样很便利，再比如说现代人们有了钱就买车，几步路也要开车，耕地、松土、施肥都要用机械燃油来完成，这些活动对光能的传播影响很大。光的利用就是让它固定在植物中，粮食生产首先应考虑人类的生产生活，其次才考虑养牛业，人要吃小麦、大米、水果和蔬菜，而动物只能利用副产品。上天赐给人类两件法宝，一是牛的瘤胃，二是苜蓿。苜蓿是太阳能固定高手，牛是苜蓿的转化高手。对人们来说，光热就和空气一样是自由品，取之不尽用之不竭。其实不然，我们应大力提倡发展生态环境资源战略，多种优质苜蓿，利用好制种玉米秸秆和苜蓿混合青贮。

3.草的管理和利用

草在人们头脑中是最轻的。其实不然，这些草都是植物，它们在一年中辛苦的生长中固定太阳能量，不论它在燃烧或被动物利用了都能释放出大量的能量，是来之不易的。人们应该想尽一切办法管好它、用好它。在草生长期，多施有机肥，勤浇水，尽量少打农药，少喷促长剂。收割期要掌握好，在盛花期收割苜蓿制成的青干草最好，苜蓿叶不能弄丢，制种玉米先掰棒而后刈割、铡碎、青贮氨化。不能制成饲料的植物秸秆铡短或粉碎，与牛粪混合均匀发酵20天后施入农田中，这两种办法被称为发酵堆肥和过腹还田，是生态养奶牛的重点环节。

4.奶牛的管理和利用

科学合理地利用当地农田上的副产品是生态养奶牛的关键点之一，当地有多少农副产品就养多少的牛。奶牛的管理要由有饲养经验的人来管，不能让农民作为一种副业来做，否则后果将是奶牛的生产水平越来越低，容易发生恶性循环，奶牛数量越来越不足。只有建立奶牛管理的长效机制，发展一批生态化、规模化的养牛场，切实提高牛的生产水平，实现母牛一年一胎，达到专门化管理，才能使奶牛产肉产奶达产达标。牛吃的是草，生产出来的是奶和肉，奶、肉的安全问题是生态养奶牛的关键环节，养牛场应该饲喂全株玉米青贮或玉米秸秆加苜蓿混合青贮，减少精饲料饲喂量，减少抗生素或促生长剂添加量。

5.粪的管理和利用

肉香粪臭这是一对矛盾，如何处理好这对矛盾是生态养奶牛的关键点之一。粪在牛胃中不臭，就是在一个封闭的环境中，因此粪的管理也要采用封闭式发酵方式。大力提倡养牛场修建发酵罐或发酵池（封闭口），舍内设置进粪口，粪便随时随地用水送入发酵罐或发酵池，减少粪便在空气中露置时间。在浇水之时，将发酵好的粪污水用污水罐车拉至地中，与水按一定比例施入农田中。整个过程中避免了家畜粪便在空气中的长时间露置，减少了空气的污染。另外在饲养管理中建立这样的制度，每周清洗畜体体表污物，养牛过程中尽量做到看不到家畜的粪便，只看到皮光毛亮的家畜。

弄清这些以后，生态养奶牛的思路就清楚了，应想方设法让农田产更多更好的草和粮，让牛把草变成更多的奶和肉，牛就成了农田上的草和人们所需的奶、肉的中间转换器。

（三）生态养奶牛面临的机遇与挑战

近年来，随着农业产业结构的调整，奶牛业得到了空前发展，肉、奶产品在农业中所占比例得到了显著提高。但相对于发达国家而言，我国奶牛业还很落后：一方面是种养分家，种植业中大量的秸秆饲料资源没有被有效利用，使养殖业的饲料成本增加；另一方面是传统的养殖方式，粪便没有被当作资源充分利用，被到处排放，对环境造成了相当严重的污染，产生了较为严重的环境问题；再一方面是肉、奶产品质量差，难以满足消费者的需求，缺乏市场竞争力。

生态养奶牛是有别于农村一家一户散养和集约化、工厂化养殖的一种养殖方式，是介于散养和集约化养殖之间的一种规模养殖方式，它既有散养的特点——产品品质高、口感好，也有集约化养殖的特点——饲养量大、生长相对较快、经济效益高。因此生态养奶牛也有其更高的难度，既要处理好资源、经济和环境三者的关系，又要有其特点和成效，还要走可持续发展的道路。生态奶业以求得经济、生态、社会三大效益的有机统一为目标，为奶源基地建设指明了方向。

1.奶牛生态养殖模式

奶牛生态养殖模式可归纳为资源互补型、循环经济型和环境友好型三种模式，这三种模式较好地处理了资源、环境与奶牛生产的关系，促进了奶牛生态养殖良性发展。

（1）资源互补型。"奶牛下乡，牛奶进城"的互补模式。充分利用经济欠发达地区清新的环境、剩余的劳力和闲置的土地等资源优势，建设奶牛规模化生产基地。良好的环境、廉价的土地与充足的劳力，为奶牛优质奶生产提供了质量安全保障，减轻了投资与运行成本；通过牛粪资源堆积发酵直接还田方式，利用大量的土地消纳奶牛养殖污染物，使牛场粪便资源得到就近处理与利用，节省了牛场污染处理设施与费用；通过牛粪有机肥料的施用，改善了土壤结构，优化了土地肥力，为周边农作物生产奠定良好基础。同时带动剩余劳力从事种植饲料牧草或养殖奶牛工作，开辟经济欠发达地区农民增收途径。

（2）循环经济型。废弃资源产业链生态循环纵向模式。确立"吃好草，产好奶"的生态牧场建设目标，引进良种娟姗牛和优质牧草，以牛粪养殖蚯蚓，蚯蚓用于养殖黄鳝或制成生物医药原料，蚯蚓粪制成优质生态肥料作为牧草基肥，牛尿废水用于沼气发酵，沼液用于喷灌牧草，生产的有机牧草用于良种奶牛生产有机牛奶，构建"良种奶牛—牛粪生态利用—牛尿生物处理—衍生蚯蚓黄鳝—提供优质安全牧草—生产有机牛奶"的奶牛养殖生态循环模式。

（3）环境友好型。建立集约化奶牛养殖小区，养殖废水通过复合式生态氧化沟塘处理，达到农田灌溉用水标准，用于周边林果基地的喷灌；牛尿与部分牛粪实施沼气发电，解决奶牛养殖小区的生产生活用电；产生的沼液沼渣与其他农业废弃物进行生物处理，形成生态沼液与生物酵素系列产品，生态沼液用于生态林果与家庭花卉种植的优质安全肥料，同时用于工业污水处理的发酵母液，生物酵素用于畜禽生态养殖饲料添加剂，也为牛粪高温发酵生产优质有机肥料提供助剂。牛粪、牛尿和养殖废水的分级处理与多向利用，不仅解决了奶牛养殖小区环境与能源问题，而且促进了林果业的生态发展，开辟了畜禽生态养殖新饲料与工业污染治理的新途径（图1）。

图1　奶牛牛粪的处理

2.可持续发展思路

（1）标准化设施布局。新建奶牛养殖场与养殖小区应选择远离城镇、居民小区、河道，并具有养殖区域面积2倍以上的配套土地。按办公区、生活区、生产区、隔离区、挤奶区和排污处理区等实行"六区分设、统一布局"；对原有奶牛养殖场与养殖小区实行"六区改造、配套设施"，重点是隔离区、挤奶区和排污处理区的完善，包括配套相应的设施。根据现有条件，按《畜禽养殖业污染治理工程技术规范》要求，优化粪污处理工艺模式。

（2）生态化饲料加工。经试验研究，农副产品通过生物发酵工艺生产的生态饲料，可使奶牛产奶量、奶料比、乳脂和乳蛋白含量分别提高11％、18％、

13%和5%，使产奶成本节省15%。应用生态饲料不但能优化饲料成分结构、提高奶牛生产性能，而且可削减粪污排放、改善生态环境。因此，推广生态饲料应作为奶牛生态养殖的重要技术措施之一。

（3）数字化生产管理。以生鲜牛奶质量追溯为核心，建立奶牛数字化管理系统，从产地环境、引种繁育、饲料供应、疾病诊疗、兽药使用、防疫检验和挤奶检测等生产全程关键环节建立生产记录台账，并通过质量安全可追溯与预警管理系统，实施对牛奶生产全程质量安全的监管。

（4）集中化挤奶收购。在实行全市奶牛统一进小区基础上，以养殖场与养殖小区为单元，全面推行集中化挤奶的"养殖小区＋收奶站"统一管理模式。按照《乳品质量安全监督管理条例》和农业部《生鲜乳生产收购管理办法》《生鲜乳收购站标准化管理技术规范》等规定，加强生鲜牛奶收购环节的设施建设与监督管理。

（5）专业化品质检验。重点加强收奶站检验室标准化建设，加强检验人员检验能力。

3.移动实验室的发展

移动实验室在多领域所彰显的作用日益明显，随着科技的发展、社会的进步、法律的完善、经验的积累，在其及时、方便进行检测的基础上，其科学化、系统化、信息化水平将逐步提高，应用领域将越来越广，在促进畜牧业健康发展、保障畜产品质量安全方面将发挥重要的作用，将为处理突发事件及日常监管提供有力的技术支持。

（四）生态养奶牛的前景

生态养殖是实行畜牧业可持续发展的重要途径。我国奶牛养殖中，约有70％以上是农户的个体养殖。从目前的经济状况和发展趋势来看，我国奶牛业的发展在相当长的一段时期内仍以农户小规模的个体分散养殖为主。其特点为，以家庭为养奶牛的基本生产单位，饲养规模小，生产工艺原始，生产技术落后，生产水平低。特别是这种奶牛生产绝大多数在农户的庭院中进行，既不利于奶牛的防疫，又污染环境，尤其是原料奶的质量得不到基本保证，奶牛的生产潜力也得不到充分发挥。因此，为了保证我国奶牛业的顺利发展，必须从根本上解决问题，建设生态养奶牛的模式便是解决问题的有效途径。

1.发展生态养奶牛，增强人民体质，提高人民健康水平

动物性食品的安全供应，是未来食物安全的重要保证。在奶牛养殖过程中，大量的粪尿、污水、有害气体等如果不被合理处理，则会造成对大气、水源、土壤的污染及传染性疾病的流行。据测定，一头体重为500 ～ 600千克的成年奶牛，每天排粪量30 ～ 50千克，排尿量15 ～ 25千克，产生污水15 ～ 20升。

奶牛养殖场排出的大量粪尿和污水，如果得不到及时处理，往往会造成严重恶臭，并成为蚊蝇滋生的场所。奶牛场散发的恶臭及有害气体成分很多，主要有氨、硫化氢、甲烷、二氧化硫、二氧化碳、粪臭素等，污染周围空气，严重影响空气质量，并可引起地球的温室效应和酸雨现象的发生，破坏生态平衡。奶牛场散发的恶臭气体对奶牛自身和人类的健康也有不良影响，能刺激人的嗅觉神经和三叉神经，引起呼吸中枢中毒；引起奶牛精神不振、抗病力下降和生产力降低等。奶牛场粪尿污水的任意排放，会使大量的需氧腐败有机物流入水体，滋生大量有毒藻类，耗尽水中溶解氧，导致鱼虾死亡，经厌氧分解产生硫化氢、氨、硫醇等物质，使水体发黑、发臭，即水体的富营养化。水体富营养化是畜禽粪尿污染水体的一个重要标志。人们长期饮用被畜禽粪尿污染的水源，易引起过敏反应，发生皮疹、诱发癌症等。粪污可导致90余种人畜共患病，其中由牛传染的有26种。奶牛粪污中大量的病原微生物、寄生虫卵及滋生的蚊蝇，会使环境中病原种类增多、菌量增大，导致病原菌和寄生虫的大量繁殖，引起人、畜传染病的蔓延。因此，必须对粪便进行无害化处理。生态养奶牛则可以协调生产与环境的问题，改善空气质量，提高肉奶品质，为人类提高更好的环境和食品。

2.发展生态养奶牛，加快农业现代化建设

奶牛生态养殖是由农、林、牧、渔等几个相互影

响、相互作用的部分组成的整体，结构不合理，就必然影响整体功能的发挥。而建设高效生态养殖业最重要的一环，就是积极进行产业结构调整。加大粮-经-饲三元种植结构种植力度，三元种植结构是生态农业结构合理的主导因素之一，也是生态环境得到改善的一个重要标志。因此，在充分满足农业用地的基础上，尽可能地大力推广牧草种植、果牧套作模式，以提高综合经济效益。

加快现代养殖业示范基地建设。发展高效生态养殖业，调整养殖业产业结构，有计划地发展养殖示范基地是不容置疑的捷径。高标准、高起点地建设好养殖业科技示范园区，发展高附加值养殖业、绿色环保养殖业和为大城市服务的生态型休闲观光养殖业，把养殖业生态建设和生态环境建设结合起来，用良好的统一的经济、社会和生态效益促进养殖业产业结构的调整，使其成为养殖业先进科技的示范基地、养殖业结构调整的带动基地、养殖业产业化经营的先导基地和养殖户增收的先行基地，发挥其辐射和示范带动的作用。

实行逐步推进，加强生态建设。根据各地不同的经济发展状况，采取不同的推广模式，实行"三步走"：在经济条件一般或者贫困的村，推广以沼气为纽带，把养殖业和种植业紧紧联系在一起，构成养殖-沼气-种植三位一体的生态农业，实现以气代柴，促进农村卫生环境的改善；在经济条件比较好的村，推广综合配套型模式，即以沼气建设为切入点，把沼气建设与住宅、环境、道路改造结合起来，同步或分步建设，在解决沼气代柴的同时，着力改善家居条件和环境；在经济条件比较富裕的村，推广生态家园型模式，即把沼气池、住宅改造纳入旧村改造和新村建设的统一规划中，建设新型生态家园，实现庭院经济高效化、养殖业生产无害化、家居环境清洁美化。与此同时，坚持生态能源建设与养殖业结构调整、农业增效、农民增收和农村精神文明建设等农村的中心工作有机地结合起来，充分利用沼气的多功能作用，不断提高沼气池建设的总体效益，改善农村的生态环境，促进经济结构的发展，加快无公害畜禽产品的发展，促进农业增效和农民增收。此外，还可以有效解决农村卫生问题，为农村营造良好的文化卫生环境，提高农村精神文明程度，实现经济、生态、文明三促进。

3.发展生态养奶牛，带动相关产业发展

生态养奶牛将城市和农村有机地结合起来，可吸纳大量农民，使他们变成产业工人，从而有效地推进工业化、城镇化进程。奶业的产业链长，可以带动牧草种植、饲料加工、兽医兽药、畜牧建材、机械设备、乳品加工、超市餐饮、生物技术、信息技术等相关产业的发展。

依靠科技进步，改良品种，提高产品质量。通过科技创新，大力推广良种良法，优化品种结构，发展具有特色的优质养殖品种。按照市场准入的要求和标

准，制定和推广主要优势畜禽产品技术操作规程和产品质量标准，增强畜禽产品的国内外竞争力。

研究和推广养殖场污染防治综合配套技术。研究主要从五方面进行：一是从畜禽营养等角度，研究环保型饲料，减少粪尿的排放量；二是研究畜禽粪尿的综合利用方法，如加工成有机肥，使粪便资源化；三是采用生物和化学的方法，研究污水处理技术；四是采用清洁生产技术，对产生污染的环节实行全程控制；五是研究采用新型的环境保护型的畜禽舍。

因此，生态养奶牛已成为一个国家由农业文明向工业文明转变的重要标志。

二、生态养奶牛的现状与发展

本部分列举了农田生态系统、畜禽养殖和养鱼系统、蚯蚓养殖系统、西北果园"五配套"生态养牛模式、草基循环农业模式等几种生态养奶牛的模式，从具体例子告诉读者生态养奶牛的方法和好处。

（一）生态农业的概况

生态农业不同于一般农业，它不仅避免了石油农业的弊端，并发挥其优越性。它既是有机农业与无机农业相结合的综合体，又是一个庞大的综合系统工程和高效的、复杂的人工生态系统以及先进的农业生产体系。生态农业是以生态经济系统原理为指导建立起来的资源、环境、效率、效益兼顾的综合性农业生产体系。

生态农业最早于1924年在欧洲兴起，20世纪30～40年代在瑞士、英国、日本等得到发展，60年代欧洲的许多农场转向生态耕作，70年代末东南亚地区开始研究生态农业，至20世纪90年代，世界各国均有了较大发展。建设生态农业，走可持续发展的道路已成为世界各国农业发展的共同选择。生态农业最初只由个别生产者针对局部市场的需求而自发地生产某种产品，这些生产者组合成社团组织或协会。英国是最早进行有机农业试验和生产的国家之一。自30年代初英国农学家Ａ．霍华德提出有机农业概念并相应组织试验和推广以来，有机农业在英国得到了广泛发展。在美国，替代农业的主要形式是有机农业，最早进行实践的是罗代尔，他于1942年创办了第一家有机农场，并于1974年在扩大农场和过去研究的基础上成立了罗代尔研究所，成为美国和世界上从事有机农业研究的著名研究所，罗代尔也成为美国有机农业的先驱。但当时的生态农业过分强调传统农业，实行自我封闭式的生物循环生产模式，未能得到政府和广大农民的支持，发展极为缓慢。

到了20世纪70年代后，一些发达国家伴随着工业的高速发展，由污染导致的环境恶化也达到了前所未有的程度，尤其是美国、欧洲、日本这些国家和地区的工业污染已直接危及人类的生命与健康。这些国家感到有必要共同行动，加强环境保护以拯救人类赖以生存的地球，确保人类生活质量和经济健康发展，从而掀起了以保护农业生态环境为主的各种替代农业思潮。法国、德国、荷兰等西欧发达国家也相继开展了有机农业运动，并于1972年在法国成立了国际有机农业运动联盟。英国在1975年的国际生物农业会议上，肯定了有机农业的优点，使有机农业在英国得到了广泛的接受和发展。日本生态农业的提出始于20

世纪70年代，其重点是减少农田盐碱化，农业面源污染（农药、化肥），提高农产品品质安全。菲律宾是东南亚地区开展生态农业建设起步较早、发展较快的国家之一，玛雅农场是一个具有世界影响的典型，1980年，在玛雅农场召开了国际会议，与会者对该生态农场给予高度评价。生态农业的发展在这时期引起了各国的广泛关注，无论是发展中国家还是发达国家都认为生态农业是农业可持续发展的重要途径。

20世纪90年代后，特别是进入21世纪以来，实施可持续发展战略得到全球的共同响应，可持续农业的地位也得以确立，生态农业作为可持续农业发展的一种实践模式和一支重要力量，进入了一个蓬勃发展的新时期，无论是在规模、速度还是在水平上都有了质的飞跃。如奥地利于1995年即实施了支持有机农业发展特别项目，国家提供专门资金鼓励和帮助农场主向有机农业转变。法国也于1997年制订并实施了"有机农业发展中期计划"。日本农林水产省已推出"环保型农业"发展计划，2000年4月推出了有机农业标准，于2001年4月正式执行。发展中国家也已开始绿色食品生产的研究和探索。一些国家为了加速发展生态农业，对进行生态农业系统转换的农场主提供资金资助。美国一些州政府就是这样做的：只有生态农场才有资格获得"环境质量激励项目"；明尼苏达州规定，有机农场用于资格认定的费用，州政府可补助2/3。这一时期，全球生态农业发生了质的变化，即由单一、分散、自发的民间活动转向政府自觉倡导的全球性生产运动。各国大都制定了专门的政策鼓励生态农业的发展（图2）。

图2　生态奶牛放牧

中国的生态农业包括农、林、牧、副、渔和某些乡镇企业在内的多成分、多层次、多部门相结合的复合农业系统。20世纪70年代主要措施是实行粮、豆轮作，混种牧草，混合放牧，增施有机肥，采用生物防治，实行少免耕，减少化肥、农药、机械的投入等。80年代创造了许多具有明显增产增收效益的生态农业模式，如稻田养鱼、养萍，林粮、林果、林药间作的主体农业模式，农、林、牧结合，粮、桑、渔结合，种、养、加结合等复合生态系统模式，鸡粪喂猪、猪粪喂鱼等有机废物多级综合利用的模式。生态农业的生产以资源的永续利用和生态环境保护为重要前提，根据生物与环境相协调适应、物种优化组合、能量物质高效率运转、输入输出平衡等原理，运用系统工程方法，依靠现代科学技术和社会经济信息的输入组织生产。通过食物链网络化、农业废弃物资源化，充分发挥资源潜力和物种多样性优势，建立良性物质循环体系，促进农业持续稳定地发展，实现经济、社会、生态效益的统一。因此，生态农业是一种知识密集型的现代农业体系，是农业发展的新型模式（图3）。

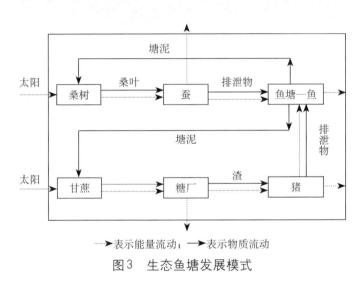

→表示能量流动；➡表示物质流动

图3　生态鱼塘发展模式

随着社会发展及人类生活水平的提高，人们将动物性食品作为其饮食结构的主要部分。因而全国各地的大中型畜牧场应运而生，其数量和规模越来越大。近20年来，我国禽畜养殖业年均增长9.9%，2009年我国主要畜禽存栏量已达到64.6亿头，畜牧养殖业的高度集约化发展导致了由畜禽粪便大量排放引起的环境污染问题。中国养牛业尤其是奶牛业发展迅速，资料显示，每头奶牛日产粪尿量约58.93

千克，每头肉牛日产粪尿量约24.32千克，是猪日产粪尿量的4～9倍多，远远超过鸡、鸭的日产粪尿量。牛作为反刍动物，饲料经反复消化后粪质细密，含水量高，通气性差，碳氮比范围宽，且养分含量低，所以牛粪的腐解速度慢。其处理方式主要是乱堆乱放，少部分用于发酵制造有机肥或直接施用，但是其利用率极低，以致雨后经雨水冲洗汇入河流，造成了水源的污染。很多细菌病原体在牛粪中滋生繁殖，不利于养殖。另外，将牛粪直接施用，牛粪产生热量，消耗土壤氧气，导致烧根烧苗，会引起寄生虫的卵和病原微生物的传播。即便如此，牛粪也富含作物所需的各种营养元素及有机质，所以可以作为一种重要的有机肥资源。

国外尤其是经济发达国家，将牛粪便肥料化还田作为粪便再利用的主要出路，而在发展中国家，粪便饲料化仍是主要出路，但这种方式存在很多安全隐患。目前欧美、日本等经济发达国家基本上不主张用粪便作饲料，东欧等国家则主张粪液分离，固体粪渣用作饲料或是发酵生产有机肥，液体部分用于生产沼气或是灌溉农田。从国外治理状况来看，主要采取畜牧业和整个生态大农业高度结合的方式，通过技术指导，根据政策法规进行多层次多方面的管理，向独立处理、集合回收、循环共生、远程监控的现代综合利用技术等方面发展（图4）。我国对于牛粪处理主要是能源化、肥料化、饲料化，食用菌栽培，蚯蚓生物分解处理等其他自然生物处理方法。总的来说，牛粪存在巨大的开发和应用潜质。国际公认的废弃物处理原则是减量化、无害化、资源化。

图 4 美国牛场的生态规划

（二）中国生态养牛模式

1.模式组成

（1）农田生态系统。浙江省丽水市某农林牧渔公司的循环农业模式对养牛场产生的粪便进行收集，牛粪被贮存在贮肥池中经过长时间的发酵，可以当作粮食、蔬菜的肥料。如把粪便放入蚯蚓中，在蚯蚓消化系统蛋白酶、脂肪酶、纤维酶和淀粉酶的作用下，粪便迅速分解，转化成为蚯蚓自身或易于其他生物利用的营养物质，以粪便的形式排出体外，用于公司农业的种植。用蚯蚓粪种植蔬菜，可以加强土壤中氮、磷、钾的含量，在增加蔬菜的产量的同时还会保持蔬菜的质量不变。

（2）畜禽养殖系统。浙江省丽水市某农林牧渔公司在畜禽养殖业中以养牛为主，牛的生长需要大量的饲料，这样就使农田中作物的秸秆得到了利用，将秸秆加工成牛的饲料，不但降低了养殖过程中投入的成本，而且还有效地保护了自然环境。该方法有效地利用了农田生产中产生的废弃物，为农业废弃物资源的开发利用提供了有利的依据。

（3）蚯蚓养殖系统。浙江省丽水市某农林牧渔公司现在每年要养殖大量的奶牛与肉牛，这些奶牛、肉牛每天要排放大量的粪便，如果处理的不合适将对环境造成很大的影响。在对牛粪的处理过程中加入了蚯蚓的养殖，可使蚯蚓对牛粪进行有效的分解，产出可以加速植物生长的有机肥，投放到种植业中去，同时蚯蚓还可以出售，获得了双重的收益，使经济效益得到提高，生态环境得以保护。

2.西北果园"五配套"生态养牛模式（西北模式）

西北农林科技大学推广的以沼气为纽带的西北果园"五配套"生态养牛模式(西北模式)，是生态农业的典型模式之一。该模式实行圈厕池上下联体、种养沼有机结合，能使生物种群互惠共生、物能良性循环，从而取得"四省、三增、两减少、一净化"的综合效益(即省煤、省电、省钱、省劳力，增肥、增效、增产，病虫减少、水土流失减少，净化环境)。农民朋友高兴地称赞这种模式是"绿色小工厂""致富大车间"，越来越多的农民依靠这种模式"盖上了新房、娶上了新娘、奔向了小康"。以沼气池、太阳能牛圈（暖圈）、卫生户厕（看护房及厕所）、集水系统（蓄水窖、滴灌系统（节水设施）果园"五配套"为特征的生态养牛西北模式见图5。

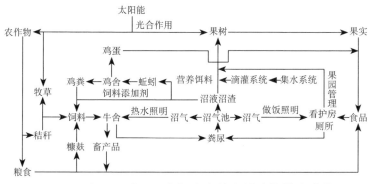

图5　西北果园"五配套"生态养牛模式的技术路线

（1）基本要素。西北果园"五配套"生态养牛模式，是以5亩*左右的成龄果园为基本生产单元，在果园或农户住宅前后配套一口8米^{3}的新型高效沼气池，1座40米^{2}的太阳能牛圈，1个8米^{2}的卫生户厕，1眼60米^{3}的水窖及配套的集雨场，1套果园节水滴灌设施，以此为基本要素进行总体设计。

（2）太阳能牛圈的建造。西北模式中的太阳能牛圈应坐北朝南，东西延长，并由牛舍、沼气池、卫生户厕而组成三位一体的生产结构。其平面布置是沼气池建在牛舍地面之下，且主池中心应位于牛床前后跨度(南北宽)的中心线上；卫生户厕建在靠近沼

---
*　亩为非法定计量单位，15亩＝1公顷。

气池地面之上的一角，且应与牛舍相邻。其建设形状是单列式半拱形塑料薄膜暖棚。牛圈后沿墙高1.8米，中梁高2.5米，前沿墙高1.2米，前后跨度(南北宽)5米，左右跨度(东西长)8米以上，牛床前后跨度3米，人行道前后跨度2米。在后沿墙与中梁之间用檩及椽子搭棚，檩及椽子上用高粱秸、芦苇、玉米秸勒箔，箔上抹草泥，冬季在顶棚铺碎草并用玉米秸压住防寒。在中梁与前沿墙之间用竹片搭成拱形支架，冬季在上面覆塑料薄膜。在牛床和人行道之间设置采食隔栏和食槽。为了加强冬季保温能力，前后沿墙、左右山墙应采用保温复合墙体，并可用苯板、蛭石或经防腐处理的高粱壳、稻壳、锯末等做保温材料。

3.草基循环农业模式

规模化奶牛养殖生产过程中，养殖场粪污（包括奶牛粪、尿和养殖废水）是造成环境污染的主要因子，牧草是消纳养殖场粪污，变废为宝，构成循环利用链的主要载体。因此规模化奶牛养殖可以就地取材、就近利用，构筑形成草基循环农业模式。草基循环农业模式结合规模化奶牛养殖对鲜草需要量大、杂交狼尾草产量高且对奶牛场污水氨氮吸收率高的三大因素而构建，其基本流程包括奶牛养殖过程中，使用优质牧草（杂交狼尾草）作为主要青饲料，并通过营养调控降低粪污排放量。养殖过程中产生的粪污经固液分离，分成粪渣和废水。粪渣可用于制作有机肥或者食用菌；养殖废水可经厌氧池发酵产生可用的沼气、沼液和沼渣，沼渣可用于制作有机肥，沼液及其他养殖废水通过草地净化系统消纳。草地净化系统生产的大量牧草可返回到养殖环节，利用奶牛食草量大的特点就地利用，或者用于食用菌生产等多级利用（图6）。该模式合理配置奶牛养殖，养殖场粪污无害化处理及资源化利用，牧草种植、加工和利用等各个环节，构建低耗高效、安全优质、清洁生态的循环农业模式，多层次利用和开发自然资源，实现产业链内废物的资源化利用，产生明显的经济效益。

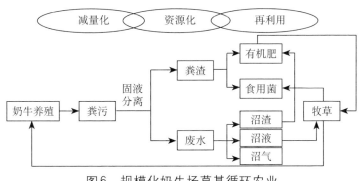

图6 规模化奶牛场草基循环农业

（三）现代养奶牛面对的环境污染问题

据测定，一头体重500千克左右的奶牛每天的排粪量约40千克，排尿量达20千克，挤奶厅冲洗用水约10升，同时产生大量的一氧化氮、二氧化氮、二氧化硫、硫化氰、氨气等恶臭气体。而奶牛养殖场为了保证牛舍环境的卫生，把没有经过处理的粪便以及有机的废水等进行随意的堆放。这些废物在短期内会对附近的环境造成较大的污染，而长期下去将会造成层次较深的污染（图7），对土壤以及大气还有地下水都会造成一定的污染，进而影响人们的生产与生活。

图7　牛场污染

1.对土壤的污染

有些农民为了节省时间、精力和成本，利用养殖的废水灌溉农田，这样就会导致农作物疯长以及抗倒伏能力较差，成熟期缺乏稳定性，进而影响作物的产量，甚至造成腐烂以及农作物中毒的现象。牛粪便对土壤具有两面性，一方面，固粪可作为肥料施用于农田；尿液也可以给土壤提供必要的水；常施用粪肥能提高土壤抗风化和水侵蚀的能力，改变土壤的空气和耕作条件，增加土壤有机质和作物有益微生物的生长。另一方面，由于粪污的溶解性较强，在奶牛养殖过程中产生的大量粪便等废弃物若不经过沉淀或发酵等无害化处理而直接还田作肥，将会导致重金属在土壤中形成沉淀，土壤的成分和性状发生改变，引起土壤板结。粪便中残留的药物、盐类、重金属元素随着粪污排入土壤，会造成土壤中盐类沉淀而变成不能耕作的盐碱地。

2.对水质的污染

奶牛养殖过程中产生的污水的主要来源是奶牛排放的尿液和冲洗牛舍的废水，小而分散的散户养殖所产生的养殖污水数量少且容易在养殖场周围消化，给生态环境造成的压力小。集约化、规模化的奶牛养殖场所产生的污水无法在养殖场附近地区消化，也没有成熟的利用方法，因此出现了大量养殖污水乱排放的现象。大量污水直接进入河流，造成水体富营养化，导致大量水生物死亡，直接带来生态灾难；高浓度的污水排向农田沟渠，会影响作物生长，毒害作物，出现大面积腐烂。此外，高浓度污水可导致土壤孔隙阻塞，造成土壤透气、透水性下降及板结，严重影响土壤质量。牛场排出的污水中含有大量有机物和有毒、有害物质，通过下渗可造成地下水质污染。如含氮的硝酸盐类一旦渗入地下便转化为亚硝酸盐。含有亚硝酸盐的水被人饮用后，在人体中会转变为致癌物质。含汞化合物的饮水则会严重损伤人的神经，对人类健康构成威胁。

3.对大气环境的污染

大多数奶牛场都没有粪污处理设施，排出的粪尿污水堆积产生恶臭物质，这些气体中含有硫化物与氮化物以及甲烷等一类的有害气体及温室气体，对养殖场附近的空气环境造成影响，导致空气质量急剧下降，并成为蚊蝇滋生的场所，恶化了场内的空气，对周边区域的生态环境造成很大的危害，对人类及奶牛的健康产生不利影响。近年来，世界各国频繁发生干旱、洪水、暴雪等自然灾害，大气层臭氧减少，全球气温升高。研究证明，极端气候变化的发生是温室效应气体排放量大所造成的，而奶牛养殖每年释放大量的二氧化碳、二氧化硫、甲烷等温室效应气体，对大气环境产生严重的影响。

4.影响奶牛的疫病综合防治和牛奶质量的提高

奶牛养殖场疾病中乳房炎发病率及腹泻、蹄病等发生率最高，这些疾病的发生都与奶牛养殖环境卫生密切相关。由于粪污得不到及时处理，大量的病原微生物和寄生虫得以繁殖，如果控制不好，则会引发奶牛疾病的发生及传播，同时，由于病原菌增加，患病奶牛所产的牛奶质量也会下降。对牛奶场的牛舍、牛圈、牛床进行清扫，牛槽粪便、污物及时清除出场，进行堆积发酵、消毒处理是保持环境卫生的重要方式。

（四）生态养奶牛对农业可持续发展的重要性

工业化是畜牧业领域的一场革命，由于采取了优良品种、全程配合饲料、先进的设备工艺等，极大地提高了畜牧业的效率，大幅度地增加了新产品的产量，在短时间内就迅速改变了我国肉蛋奶短缺的局面，历史性地满足了人民群众对畜产品的消费需求，取得了举世瞩目的成就。

但是，规模化、工厂化畜牧业严重污染土壤、水源和大气等环境，是江河湖泊富营养化的罪魁祸首，导致畜禽疫病、农药与抗生素残留等食品安全问题，危害人民群众健康，引发国际贸易壁垒摩擦，难以持续发展。

当前，影响畜牧业稳定、和谐、持续发展的突出问题，诸如饲养动物的疫病问题、农药与抗生素残留问题、动物福利问题、动物食品质量安全问题、饲养动物的环境适应性与抗病力问题、生物多样性问题、草原超载过牧与退化沙化问题、土壤退化与水源污染问题、农牧林结合发展问题、气候变暖和节能减排问题等，都属于生态系统失衡出现的问题，只有通过生态化途经才能解决。

在生态文明时代，生态化是畜牧产业发展的必由之路，是方向、路线。我国特色生态型畜牧业的技术路线是生态化。坚持生态化的技术路线，我国畜牧业才能走上资源节约、环境友好的自主创新之路；坚持生态化的技术路线，我国畜牧业才能走向人与自然和谐、可持续发展的光明大道；坚持生态化的技术路线，我国畜牧业才能摆脱疫病药残的困扰，从根本上解决畜产品的质量安全问题；坚持生态化的技术路线，采取健康的饲养方式，才能产出绿色有机食品，进而提升我国畜产品的附加价值，破除国际贸易绿色壁垒，提高市场竞争力。

生态畜牧业是现代生态文明的产物，代表着未来畜牧业发展的方向。畜牧是大产业，生态是大概念，畜牧业生态化关系着整个生态系统的平衡与安全。生态化畜牧业对工业化畜牧业不是全盘否定，而是否定之否定。生态化也不是将工业化推倒重来，而是扬长避短地提升。生态化畜牧业既是对工业化畜牧业的颠覆与革命，也是对工业化畜牧业的继承和发展。

（五）粮改饲与生态养奶牛

粮改饲，是农业部开展的农业改革，主要引导种植全株青贮玉米，同时也因地制宜，在适合种优质牧草的地区推广牧草，将单纯的粮仓变为"粮仓+奶罐+肉库"，将粮食作物、经济作物的二元结构调整为粮食作物、经济作物、饲料作物的三元结构（图8）。

2016年粮改饲试点范围将扩大到整个"镰刀弯"地区和黄淮海玉米主产区的17个省份，目标任务增加到600万亩。

粮改饲的重点是调整玉米种植结构，大规模发展适应于肉牛、肉羊、奶牛等草食畜动物需求的青贮

图8　全株玉米收割机及卡车

玉米。河南省将科学选择试点县，确定试点县筛选程序，即县级自主申报、市级审核推荐、省级综合选定。明确试点县选择四大标准：一是牛羊生产主产县，饲养量大，规模养殖场多；二是玉米种植大县，土地相对集中连片，适宜机械化作业；三是全株青贮玉米基础好，就地转化能力强，年转化能力15万吨以上；四是县政府积极性高，种植结构调整意愿强，配套有相应扶持政策。

粮改饲试点县以推广全株青贮玉米为重点，以发展规模养殖为载体，以提高种养效益为目标，抓好"种、管、收、贮、用"等关键环节，大力实施"以养定种、种养结合、草畜配套、草企结合"发展战略，示范带动全国畜牧业走出一条具有特色的循环发展、生态发展、绿色发展、链式发展的畜牧业发展新路子。

2016年6月21日，农业部在河南省郑州市召开粮改饲试点工作部署会，要求各试点省区采取切实有效措施，力争超额完成当年粮改饲600万亩的目标任务。农业部总畜牧师王智才出席会议并讲话。他指出，粮改饲既是调整种植业结构、推动粮食"去库存"的重要切入点，又是推动草食畜牧业"降成本、补短板"，优化畜禽养殖结构的重要着力点。

粮改饲主要是立足种养结合循环发展，引导种植优质饲草料，发展草食畜牧业，推动优化农业生产结构。2015年，农业部会同财政部在黑龙江、内蒙古等10个省份选择30个县开展试点，以全株青贮玉米为重点，推进草畜配套，落实粮改饲面积286万亩，收贮优质饲草料995万吨，超出预期目标将近1倍，实现了种养双赢的良好效果。

2015年，农业部确定西宁市湟源县、海东市互助土族自治县、海北藏族自治州门源回族自治县为粮改饲试点县。两年多来，粮改饲试点工作进展顺利，并取得了显著成效。实践证明粮改饲政策顺应了农牧业发展的新形势，有力拉动了种植业结构调整和畜牧业节本提质增效，实现了种养双赢，产生了良好的经济效益和生态效益，深受各地和农牧民欢迎，并取得多方面的显著成效。

——促进生态改善。粮改饲人工饲草基地建设缓解了天然草场放牧压力，遏制了天然草场生态恶化。三县天然草原产草量由原来的190.5千克/亩提高到了253.17千克/亩以上，草原植被覆盖度由65%提高到了85.28%以上。饲草青贮大幅减少秸秆焚烧粉尘对环境的污染。同时，饲草过腹转化还田，用于青贮饲料种植，减少化肥用量40%以上。

——促进种养循环。以粮改饲为推手，种养结合、草畜联动的"草—养—肥—草"的循环发展模式基本形成。扶持3县68家大中型规模养殖场开展了粪污资源化利用配套设施建设，建成大型有机肥加工厂4家。通过两年试点建设，低产田为主的传统粮、经（粮食作物、经济作物）二元结构模式，逐步调整成粮、经、饲（粮食作物、经济作物、饲料作物）三元结构。3县种植结构由2014年的48∶46∶6调整为2016年的41∶45∶10。

——促进增产增效。据调查，原年产奶6吨左右的奶牛饲喂青贮玉米后，日均产奶量增加3千克。肉牛饲喂青贮玉米后，日增重提高约0.4千克，出栏时间缩短30天以上，饲料成本降低900元左右。肉羊饲喂青贮玉米后，饲料成本降低40元左右。

——促进群众增收。三县粮改饲试点共流转土地30多万亩，流转收入约1 200万元。被解放的劳动力通过再就业增加工资性收入6 000万元。尤其农户通过种植燕麦等优质牧草，每亩净收益497.5元，比种植油菜亩均收入高308.25元，牧草种植结构调整促进增收效果显著。

三、生态奶牛场的规划与设计

　　本部分从奶牛福利的角度，论述了奶牛场的规划设计以及牛舍内部的构造。运用奶牛信号的方法，对奶牛体况评分、瘤胃充盈度评分、乳头评分等各项评分方法加以解释和说明。适合于读者对牧场进行评估，以便于更好地改善牧场环境，构建生态奶牛场。在重视奶牛福利的同时，最大化牛场的经济效益。

（一）奶牛的福利

1.奶牛福利的定义

　　动物福利的概念是由美国人修斯在1976年提出的，是指农场饲养中的动物与其环境协调一致的精神和生理完全健康的状态。通常我们认为动物福利是指保护动物康乐的外部条件，即由人所给予动物的以满足其康乐的条件。动物福利可以概括为："善待活着的动物，减少动物死亡的痛苦"。

2.牛的福利基本要求

　　牛的福利基本要求包括为牛提供方便、适宜温度的清洁饮水和保持身体健康、生产能力所需要的饲料；提供适当的房舍或栖息场所，使其能够安全舒适地采食、反刍、休息（图9）；做好防疫和普通预防工作，并给患牛及时诊治；提供足够的空间和适当的设施，让牛与同伴在一起，能够自由表达社交行为、性行为和分娩行为等正常习性；保证牛拥有良好的栖息条件和处置条件，保障牛免受各类应激，使牛不受恐惧、应激和精神上的痛苦。

图9 美国牧场舒适的犊牛生长环境

3.奶牛福利的指标

在不同饲养环境下判断奶牛福利好坏的指标有总的躺卧时间、休息时间、产奶量和运动量等。因此在设计奶牛场设备时，并不是简单组装，而应考虑到奶牛的行为，充分根据奶牛行为的特点来设计，使得相关设备既节约成本又能起到保障奶牛福利的作用。

4.各项评分在奶牛福利中的应用

充足的优质新鲜饲料，清洁卫生的饮水，新鲜的空气，柔软、干净的休息场所，空间，光照，健康，起、卧轻松是国内外常用的评价奶牛舒适度的指标。通过这些指标，我们可以更好地观察奶牛的健康状况、营养状况、周围环境等信息，并制定相应的饲养措施和管理对策，提高奶牛福利，从而提高生产力。

（1）体况评分。体况评分提供对臀角和尾根之间，髋部以上，覆盖腰椎的部分脂肪数量主观评估。体况评分可以评价奶牛近几个月或者几周的采食情况和健康状态。体况评分的宗旨是监控奶牛体脂量，据此通过改变饲料与营养供给来调控体脂肪贮备，以减少代谢紊乱疾病和繁殖障碍发生，改进奶牛总生产效率。处于妊娠后期和泌乳早期的奶牛会因采食量和主要养分供应间不协调而出现问题，这种情况与其妊娠后期所沉积的体脂也有关。此外，体脂量还影响牛奶的生成。实践中，通常需要在奶牛繁殖周期的重要时间点来评估奶牛的体况，这些时间点是第一次配种、产犊、产犊后第一次配种、泌乳高峰后和干奶时，根据奶牛的体况变化，提供相应的饲料，或进行综合分析改善牛舍环境。

简易体况评分的方法：捏牛尾部旁的皮肤，判断脂肪沉积程度，根据触摸到的质感进行大体评分。皮肤质感近似人手背皮肤2分，人脸部皮肤3分，臀部皮肤4分。奶牛各阶段理想评分见表1。

表1　奶牛各阶段理想评分

阶　段	泌乳牛	青年牛
产犊前	2.5～3分	2.5～3分
配种前	2～3分	2～2.5分
干奶期	2.5～3分	

　　1分奶牛：牛瘦削，腰椎横突（短肋）尖锐，突出体表，横突下的皮肤向内深陷，从腰部上方可以很容易地触摸到横突，腰部两侧下陷；背、腰、荐椎显露，腰角、坐骨端向外尖锐突出；肛门区下陷，在尾根处形成空腔；在臀部触摸不到脂肪组织，容易触摸到骨盆骨（图10）。

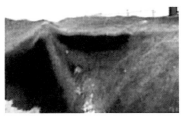

图10　体况评分1分奶牛
（图片来源：JAN HULSEN著《奶牛信号牧场管理实用指南》）

　　2分奶牛：牛偏瘦，短肋仍向外尖锐突出，但末端已有组织覆盖，稍有圆润感；压迫上方可触摸到横突，腰部两侧下陷；尾根处空腔较浅，腰角和坐骨端突出，周围体表下陷稍缓，较易触摸到骨盆骨（图11）。

图11　体况评分2分奶牛

（图片来源：JAN HULSEN著《奶牛信号牧场管理实用指南》）

3分奶牛：膘情中等，轻压体表可以触摸到短肋，短肋下体表略下陷；胸背腰椎棘突、腰角、坐骨端突出圆润，臀部有脂肪组织沉积（图12）。

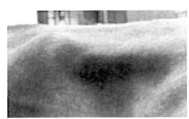

图12　体况评分3分奶牛

（图片来源：JAN HULSEN著《奶牛信号牧场管理实用指南》）

4分奶牛：体况偏肥，用力压难分清短肋结构，腰椎两侧体表无明显凹陷，短肋下体表无明显凹陷，背腰上部圆平，腰角、坐骨端圆润，尻部宽平，尾根处有脂肪组织形成的皱褶，用力压迫可以触摸到骨盆骨（图13）。

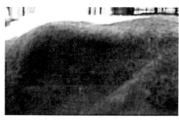

图13 体况评分4分奶牛
（图片来源：JAN HULSEN著《奶牛信号牧场管理实用指南》）

5分奶牛：体况肥胖，短肋处有脂肪组织皱褶，即使用力压迫也难以感受到短肋；背腰上部圆平，腰角、坐骨端微露；尾根埋入脂肪组织中，用力压迫触摸不到骨盆骨。

奶牛体况评分差异及解决方案见表2。

表2 奶牛体况评分差异及解决方案

相关点	评估	信号	可行的解决方案
平均评分	正常	良好，奶牛能量采食充足	维持现状
	高	存在泌乳期采食过低的危险	保证进入干奶期奶牛体型不过肥，关注体型过肥牛在泌乳初期干物质采食量
	低	能量采食不足，抗病能力差	增加干物质采食量，提高日粮能量浓度
评分范围	宽	牛群中能量采食量和能量需要量都存在显著差异	确定采食量差异如何，形成营养需要量符合标准、建立生产种群和育种群
	窄	良好，奶牛能量采食充足	维持现状

（2）瘤胃充盈度评分。瘤胃评分能够反映奶牛一天的采食量和瘤胃流通速率。实际上从牛体后面观察左侧腹部，就可以评价瘤胃充盈度（表3）。瘤胃充盈度由饲料采食量、消化速率和饲料皱胃向小肠的流通速率等决定。

表3　瘤胃充盈度评分

评 分	图 例	描 述
1分		左侧腹部深陷，腰椎骨以下皮肤向内弯曲，从腰角处开始皮肤褶皱垂直向下，最后一节肋骨后肷窝大于一掌宽。从侧面观察，腹部的这部分呈直角。这种牛可能由于突发疾病、饲料不足或适口性差，从而采食过少或没有采食
2分		腰椎骨以下皮肤向内弯曲，从腰角处至最后一节肋骨开始皮肤皱褶呈对角线，最后一节肋骨后肷窝一掌宽。从侧面观察，腹部的这部分呈三角形。这种评分常见于产后第一周的母牛。泌乳后期，这种信号表明饲料采食不足或饲料流通速率过快
3分		腰椎骨以下皮肤向下呈直角弯曲，一掌宽，然后向外弯曲。从腰角处开始皮肤皱褶不明显。最后一节肋骨后肷窝刚刚可见。这是泌乳牛的理想评分，表明采食量充足，而饲料在瘤胃中停留时间适宜
4分		腰椎骨以下皮肤向外弯曲，最后一节肋骨后肷窝不明显。这种评分适用于泌乳后期牛和干奶牛
5分		腰椎骨不明显，瘤胃被充满。整个腹部皮肤紧绷。看不见腹部和肋骨的过渡。这是干奶牛适宜评分

（图片来源：JAN HULSEN著《奶牛信号牧场管理实用指南》）

（3）步行评分。步行评分系统可用于评估奶牛个体和整个群体的肢体健康状态。进行步行评分时，确保奶牛在水平不湿滑的坚硬地面上行走。通常在挤完奶后的回牛通道上进行评分。评分时要求一次评价完整的牛群，肢体患病的牛通常走在队伍的最后面。理想状态下，1分和2分的奶牛数量应大于80%。

1分奶牛：健康的行走姿势，是奶牛正常站立和行走的姿势。步态正常，行走时后蹄落在前蹄所在的位置上（图14）。

图14 步行评分1分奶牛
（图片来源：JAN HULSEN著《奶牛信号牧场管理实用指南》）

2分奶牛：轻度异常行走姿势。奶牛正常站立，但是开始行走时呈弓背状。头部抬得较低，并向前倾。步态轻度异常（图15）。在实际评分

图15 步行评分2分奶牛
（图片来源：JAN HULSEN著《奶牛信号牧场管理实用指南》）

时，1分与2分奶牛界定不明显，无需进行详细区分。

3分奶牛：出现跛行，奶牛站立和行走时均弓起背部（图16）。一条或多条腿呈短步幅行走。行走时头部明显会上下浮动。3分奶牛跛行状态不明显，一般很难发现，而在正常生产中也往往被忽视。生产中最需要关注3分评分的奶牛。主要从站立时弓背和行走时头部的摇动来判断。3分的奶牛一般有潜在的肢蹄病或处于肢蹄病早期，3分评分的奶牛当天需要上修蹄架进行蹄部的检查和治疗，若治疗及时可以快速恢复为1分或2分评分牛，减少损失。

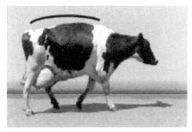

图16　步行评分3分奶牛
（图片来源：JAN HULSEN著《奶牛信号牧场管理实用指南》）

4分奶牛：中度跛行，奶牛试图减少患肢的承重。在站立和运动时都弓起背部，抬起患肢（图17）。4分评分的奶牛一般位于牛群的后方，远看即可发现跛行现象，这类评分的奶牛需要立即治疗和护理。

图17　步行评分4分奶牛

（图片来源：JAN HULSEN著《奶牛信号牧场管理实用指南》）

　　5分奶牛：重度跛行，奶牛弓背，拒绝用患肢站立或行走，奶牛更喜欢保持躺卧姿势，站立时很困难（图18）。这类评分的奶牛严重跛行，需要重症监护和专业治疗，可以考虑淘汰。

图18　步行评分5分奶牛

（图片来源：JAN HULSEN著《奶牛信号牧场管理实用指南》）

　　（4）乳头评分。乳头情况也是评价奶牛福利的重要指标，乳头的光滑度很好，而且乳头末端较平整，没有环状的牛较为健康舒适，否则可能是过度挤奶对牛乳头造成损伤，不仅影响牛体健康，也影响产奶量和奶质量。乳头评分应选取80头牛或全群的20%作为样本，主要观察乳头表面，是光滑还是粗糙，乳头损伤和被细菌感染的情况。乳头评分应一个月进行一次，在奶牛挤奶托杯后到药浴前这段时间进行评价，正常情况下奶牛乳头评分为3分或4分的数量应小于20%（表4）。

表4　乳头评分

评分	描　述	图　例
1分	乳头孔很小，乳头末端光滑无结痂，无环形，这类乳头常见于泌乳早期	
2分	乳头光滑，乳头孔周围有轻微的环状突起，但是没有角质蛋白形成的土丘状隆起	
3分	稍微粗糙的结痂环、边缘有一些破裂口，在乳孔周围1～3毫米有角质化的丘状隆起	
4分	非常粗糙的结痂环、有很多破裂口，乳孔周围4毫米有角质化的环，乳头末端像花状	

（图片来源：JAN HULSEN著《奶牛信号牧场管理实用指南》）

（5）奶牛舒适度指标。奶牛舒适度指标=躺在卧床牛的数量/（躺在卧床牛的数量+站立在卧床上牛的数量）×100%，通常标准在80%～85%。奶牛舒适度指标可以反映畜栏或卧床的舒适程度。舒适的畜栏或卧床可以让奶牛更好地休息，这样有利于反刍行为，同时减少奶牛之间的争斗。如果卧床表面过于坚硬或卧床尺寸不合适，奶牛躺卧时间减少，血液中皮质醇含量升高容易造成应激。奶牛躺卧时流向乳房的血液比站立时多28%，有利于奶的形成；更少的躺卧时间则意味着更长的站立时间，这也会增加奶牛蹄部的压力，增加奶牛患蹄病的风险。但是躺卧时间过长也不好，粪尿对牛体卫生以及乳房和蹄部的健康带来不利影响。舒适度太差甚至会降低繁殖指标。奶牛舒适度指标在操作中可以用飞节损伤评分来评价畜栏的舒适度，奶牛飞节处肿胀和脱毛都是卧床不舒适的表现（图19、表5）。

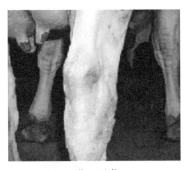
0分＝正常

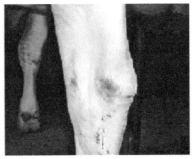
1分＝脱毛，无肿胀

2分＝肿胀，无脱毛

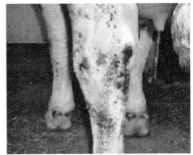
3分＝肿胀，脱毛

图19　奶牛飞节磨损评分

表5 卧床管理目标

项　目	目　标
小部分脱毛	不超过全群的30%
擦伤	全群奶牛不超过10%
皮肤感染	全群奶牛不超过10%

（6）体细胞数。牛奶中体细胞数是奶牛乳房健康状况的一项重要指标，也是评价牛场环境和奶牛福利极其重要的依据。体细胞数下降有利于动物的健康，减少治疗费用，延长奶牛使用年限，降低被动淘汰，同时体细胞数还是一个重要的经济指标，降低体细胞数相当于提高了产量（表6）。

表6 牛奶中体细胞数与牛奶产奶量的关系

体细胞数（万个/毫升）	每日减少产奶量（克）
5	0
10	590
20	1 179
40	1 361
80	2 404
160	2 994
320	3 583

5.科学的赶牛方法

由于眼睛位于头部两侧，奶牛几乎具有360°的视野，只有一小部分为视野盲区，即正后方，在视野之外，因为奶牛的两眼交叉视野只是头部前方的一小块距离，所以奶牛的立体视野很小，只有在此视觉区域内奶牛才能判断出距离（图20）。出于以上原因，从一侧或某个角度接近一头不安的奶牛是明智的，因为这样它就意识不到你正在接近。另一方面，若是一头安静的奶牛则应当从前方接近，因为要让它清楚地看见你。在奶牛的肩部存在一个平衡点，平衡点为奶牛判断回避方向的依据。从平衡点前靠近奶牛，奶牛会向后远离，从平衡点后靠近奶牛，奶牛会向前逃逸，在赶牛时应注意对平衡点的应用，尽量减少打骂和呵斥的行为，从平衡点靠近奶牛时，奶牛会停留在原地，同样以奶牛两眼之间为界限，可以让奶牛向左右两边逃逸（图21）。在奶厅赶牛时，我们也要按照与奶牛行进方向相反的路线赶牛，再从远端折回，防止奶牛在挤奶通道拥堵（图22）。

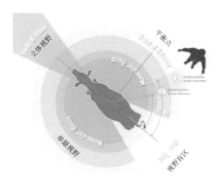

图20　奶牛的视线和平衡点
（图片来源：JAN HULSEN著《奶牛信号牧场管理实用指南》）

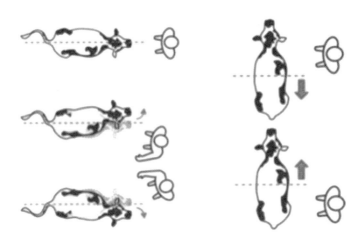

图21　赶牛方法

（图片来源：JAN HULSEN著《奶牛信号牧场管理实用指南》）

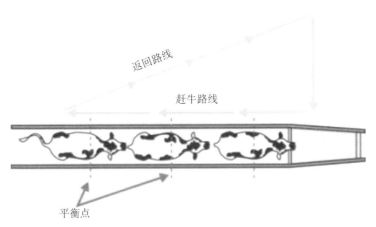

图22　奶厅赶牛方法

（图片来源：JAN HULSEN著《奶牛信号牧场管理实用指南》）

（二）牛场的环境控制

1.温度

奶牛通过自身的体温调节保持最适宜的体温范围以适应外界的环境。体温调节就是奶牛借助于产热和散热过程进行的热平衡。奶牛大都耐寒怕热，以荷斯坦牛为例，其最适宜的温度为0～20℃，当环境温度低于-5℃或高于26℃时，就会出现明显的生理、行为和生产性能方面的应激反应（表7）。所以奶牛热应激问题成为牛场温度控制的一大难题。在高温条件下，牛奶中的乳脂、乳蛋白、乳糖含量明显下降。母牛在热应激时也会产生受胎率降低、胚胎死亡率增加和容易流产等繁殖性能下降的表现。因此，采取有效措施以缓解高温季节奶牛热应激对于养殖场是十分必要的。可以通过搭建遮阳棚、安装大风扇加强空气对流、喷淋等方式降低夏季牛舍温度，对于封闭式牛舍也可以加装湿帘降温。

表7　环境温度与产奶量间的关系

温度（℃）	产奶量（%）	温度（℃）	产奶量（%）
10	100	32.2	53.0
15.6	98.4	35.0	42.0
21.1	89.3	37.8	26.9
26.7	75.2	40.6	15.5
29.4	69.6		

注：假定环境温度为10℃时，奶牛产奶量为100%。

2.湿度

在高温或低温时，湿度升高加剧了对牛生产性能的不良影响。牛舍的空气湿度主要通过水分蒸发影响牛体热的散发。一般湿度越大，体温调节的范围会越小。在夏季，湿度越大奶牛热应激现象会越严重。高温高湿的环境下，牛体表水分蒸发量减少，奶牛体内的热量不易散发，产生热应激。而低温高湿的环境又会使牛体内散发热量增多，引起体温下降。空气相对湿度在55%～85%时，对奶牛的影响不显著，但高于90%时对奶牛危害很大。牛舍空气相对湿度不宜超过85%。

3.气流

气流对奶牛的主要作用是使皮肤热量散发而变冷。对流散热主要是借助机体周围冷空气的流动而实现的。温度过高时，奶牛呼吸急促，空气不流通会导致奶牛周围湿度过高，热量难以散发。热应激奶牛常站立着快速呼吸，并且其身体前部高于后部，这样可以减少腹腔内器官对膈肌的压力，有利于呼吸。因此保证牛舍的通风非常重要，特别是奶牛头部的空气流通。若有奶牛躲在围墙、屋顶或设备下面则表明牛舍通风效果不好。另外，牛舍中存在蜘蛛网也能说明通风效果不好。

4.光照

光照是奶牛重要的环境因素之一，其直接影响了奶牛的内分泌、性成熟、采食、生长发育和生产性能。奶牛是以白天活动为主的节律性动物。研究表明，每天为奶牛提供16小时的光照与每天提供8小时的光照相比，产奶量提高了5%～16%，干物质采食量增加了6%。奶牛场一般推荐每天持续16～18小时的光照和6～8小时的黑暗，这种环境会刺激泌乳，奶牛也感觉更舒适，更容易表现出发情信号。一头奶牛需要的光照度是200勒克斯，当光照度低于50勒克斯时，可采取安装电灯、增大天窗透光率等方法增大光照度。一个牛舍合适的光照，可以保证人在牛舍的任何一个位置都能轻松地读报纸。

5.有害气体

牛舍中有害气体主要来自奶牛呼吸、粪便和废物分解。有害气体主要为氨气、二氧化碳和硫化氢。氨气主要由粪便分解产生。《农产品安全质量无公害乳与乳制品产地环境要求》规定奶牛牛舍氨气的浓度应≤20毫克/米^3，氨气的浓度过高，能刺激黏膜，引起黏膜充血、喉头水肿等现象。二氧化碳的浓度能反映出牛舍空气的污浊程度，因此其浓度常作为卫生评定的一项间接指标，通常规定二氧化碳的浓度应≤1 500毫克/米^3。硫化氢通常在给奶牛饲喂丰富的蛋白质饲料，而奶牛机体消化机能又发生紊乱时产生。奶牛舍中硫化氢的浓度应≤8毫克/米^3，若硫化氢浓度过高对奶牛和工作人员都会产生较大的危害。

（三）如何正确选择场址

牛场场址的选择要有周密的考虑，统筹安排和比较长远的规划，必须与农牧业发展规划、农田基本建设规划以及修建住宅规划等结合起来，必须适应于现代化养牛业的需要。所选场址还要有发展的余地。

1.地势

牛场中尽量减少积水，因此地势不能过低，防止地下水位太高造成环境潮湿，影响奶牛的健康，同时蚊虫也会增多；而地势太高，在北方地区牛舍又容易被寒风侵袭，而且对交通运输也会造成一定困难。因此，牛舍宜修建在地势干燥、背风向阳、四周开阔、空气流通、土质坚实（土质以沙壤土为好）、地下水位低于2米以下、具有缓坡、北高南低、环境无污染的平坦地方。同时，我国南北方牛场在建设时也要根据不同的气候因地制宜。南方的牛舍选址首要的考虑是防暑降温，而在北方部分地区则要注意冬季的防寒保暖。

2.交通、防疫与环保

牛场每天都需要运送大量的牛奶、饲料和粪便，因此牛场应选择在交通便利的地方，但又不能太靠近交通要道与工厂、住宅区，以保障动物防疫和环境卫生。一般要求牛场与交通主干道的距离在300米以上，距离村庄、居民点500米以上。同时牛场应位于居民区及公共建筑常年主导风向的下风向，以防止牛舍有害气体和污水等对居民的侵害。

3.水电供应

现代化牛场机械挤奶、牛奶冷却、饲料加工、饲喂以及清粪等都需要电，因此，牛场要设在供电方便的地方。同时，牛场用水量大，要有充足、良好的水源，以保证生活、生产及人畜饮水。

（四）牛场的合理规划与布局

现代化奶牛场一般采用散栏分群管理和全混合日粮（TMR）饲喂及机械集中挤奶的生产工艺，而且要求对牛粪和污水进行无害化处理，以保持牛场良好的环境质量。这就要求其在功能分区上不同于传统奶牛场。现代化奶牛场布局应按生活管理、生产、饲料供应、隔离和粪污处理等功能区划分。

1.生活管理区

生活管理区是把传统奶牛场的生活管理区和辅助生产区的建筑物合并布置在此区。主要包括管理人员办公用房、技术人员业务用房、职工生活用房、人员和车辆消毒设施，供水、供电、供热设施和设备维修、物资仓库、饲料贮存等设施及门卫、大门和场区围墙。因为每个场区地形和外部配套设施不同，对于配电房、水井水泵房等公用设施要根据当地具体条件和技术要求布局，不一定正好布置在生活管理区内。

2.生产区

生产区是奶牛饲养、挤奶的生产场所，主要由泌乳牛舍、干奶牛舍、产房、犊牛舍、后备牛舍、挤奶厅及日常护理牛的处置室组成，是全场卫生防疫控制等级最高的区域。生产区与其他区之间应用围墙或绿化隔离带严格分开，在生产区入口处设置第二次人员和车辆消毒设施。这些设施都应设置两个出入口，分别与生活管理区和生产区相通。

3.饲料供应区

饲料供应区是饲料贮存、加工调制的场所，主要由混合精饲料库、青贮池、干草棚及料库等设施组成。传统奶牛场对饲料分区要求不是很严格，现在采用TMR饲喂的牛场，根据工艺要求，各种饲料应集中布置并按照贮用合一的原则紧邻牛舍布置，并且要求场地排水良好，便于机械化作业，草棚、料库布局符合防火规范要求。饲料供应区应设两个出入口，一个与生产区相连，是每日饲喂通道，另一个则与场外道路相连，是运进饲料的通道，车辆经消毒后才可卸料。

4.污染隔离区

主要布置兽医室、病牛隔离舍、粪便发酵和污水处理设施以及病死牛、牛胎盘等废弃物的无害化处理设施。该区应处于场区全年主导风向的下风向处和场区地势最低处，并与生产区用绿化隔离带保持一定的防疫间距。隔离区内部的粪便污水处理设施与其他设施也要有适当的卫生防疫间距。隔离区与生产区有专用道路相通，与场外有专用大门相通。

（五）生态牛舍的设计

1.牛舍分类

（1）拴系式牛舍。又称颈枷式牛舍，是一种传统而普遍使用的牛舍。每头牛都有固定的牛床，用颈枷或链绳拴住牛只，在我国使用得比较普遍，在饲喂、挤奶和刷拭时都可针对单独个体，除运动外，饲喂、挤奶等都在牛舍内进行，每头牛都用链绳或颈枷固定拴系于食槽或栏杆上，限制其活动，每头牛都有固定的槽位和牛床，互不干扰，单独或2头牛合用一个饮水器。拴系式牛舍的跨度通常在10.5～12.0米，檐高约为2.4米。目前，拴系饲养、挤奶厅集中挤奶已被广泛应用。采用该方式饲养管理可以做到精细化，而缺点是费事、费时，难于实现高度的机械化，劳动生产率较低。

拴系式牛舍内布局可分单列式、双列式和四列式等。牛群20头以下者可采用单列式，20头以上者多采用双列式，成年母牛存栏量在1 000头以上的奶牛场可考虑采用三列式或四列式牛舍。双列式牛舍分对头式和对尾式两种。对尾式牛舍因牛头向窗，对日光和空气的调节较为便利；传染疾病机会较少；挤奶（管道式或推车式挤奶）、清粪都可集中在牛舍中间，合用一条通道，占地面积较小，操作比较简单，对母牛挤奶、发情的观察及清洁卫生工作均较便利；可保持墙壁清洁，避免被奶牛排泄的粪便所污染。对尾式牛舍缺点是分发饲料时稍感不便，清粪通道晒不到太阳，不能利用阳光来消毒。对头式牛舍中间为喂饲通道，两边各有一条除粪通道。这种排列方式的优点是便于饲料运送、实现喂饲机械化及观察奶牛进食情况等。但奶牛的尾部对着墙，粪便较易污染墙面，给牛舍的卫生工作带来不便，增加疾病的传播机会，应做1.5米左右高的水泥墙裙。

（2）散栏式牛舍。所谓散栏式牛舍是指奶牛除挤奶时外，其余时间均不加拴系，任其自由活动，故亦称散养式牛舍。一般包括休息区、饲喂区、待挤区和挤奶区等。母牛可随意走动到牛舍内，在有隔栏设备的情况下，能尽量减少牛体受损伤的危险。由于母牛在挤奶间集中挤奶，与其他房舍隔离，受饲料、粪便、灰尘的污染较少，较易保持牛体的清洁，并可提高牛奶的质量。其缺点是不易做到个别饲养。

母牛饲喂和挤奶后到休息区休息，可以躲避严寒和酷暑。散栏式牛舍的优点是便于实行机械化、自动化，大大提高劳动生产率，便于推行全混合日粮饲喂法，有利于实施分群饲养管理。散栏式牛舍内部设备简单，较为经济，但根据舍内机械化水平的高低和设备类型，其造价或高于常规的拴系式牛舍。

散栏式牛舍的总体布局应以奶牛为中心，通过对粗饲料、精饲料、牛奶、粪便处理四个方面进行分工，逐步形成四条生产线。建立公用的兽医室、人工授精室、产房和供水、供热、排水、排污管道及道路等。

散栏式牛舍由于牛群移动频繁，泌乳牛都在挤奶厅集中挤奶，生产区内各类牛舍要有统一的布局，要求牛舍相对集中，并按泌乳牛舍、干奶牛舍、产房、犊牛舍、育成牛舍顺序排列，使干奶牛、犊牛与产房靠近，而泌乳牛与挤奶厅靠近。

散栏式牛舍可分为房舍式、棚舍式和荫棚式。房舍式牛舍适合于北方，一般屋脊上有钟楼式或其他形式的排气设施。棚舍式牛舍适于气候较温暖的地区，四边无墙，只有屋顶，形如凉棚，通风良好。荫棚式牛舍适于天气热而降水量又不太多、土质和排水好、有较大运动场的地区，饲槽设在运动场的较高地段。散栏式牛床排列，可根据规模大小设计成单列式、双列对头式或双列对尾式、三列式或四列式。其他内部设施可参考拴系式牛舍。

由于散栏式牛床与饲槽不直接相连，为方便牛卧息，一般牛床总长为2.5米，牛床一般较通道高15～25厘米，边缘呈弧形。常用垫草的牛床面可比床边缘稍低些，以便用垫草或其他垫料将之垫平。不用垫料的床面可与边缘相平，并有4%的坡度，以保持牛床的干燥。牛床的隔栏由2～4根横杆组成，顶端横杆高1.2米，底端横杆与牛床地面间隔35～45

厘米为宜。隔栏的式样主要有大间隔隔栏、稳定短式隔栏等。牛舍内走道的结构视清粪的方式而定。一般为水泥地面，并有2%～3%的坡度，走道的宽为2.0～4.8米。采用机械刮粪的走道其宽度应与机械宽度相适应。采用水力冲洗牛粪的走道应用漏缝地板，漏缝间隔为3.8～4.4厘米。饲架将休息区与采食区分开，散栏式饲养大多采用自锁式饲架，其长度可按每头牛65厘米计算。

2.牛舍设计

为了更好地保障奶牛福利，建设生态牛舍，需要从细节处观察奶牛和牛舍设备并根据奶牛信号相关分析，设计牛场的各种设施和进行相关规划。评价牛舍里的奶牛，应由群体到个体进行观察。首先观察整个奶牛群，如果奶牛刻意远离某些区域，肯定是有原因的。主要考虑以下几个方面：这些区域风太大、太热或太冷、空气质量差、卧床不舒适、牛舍地面太滑或存在奶牛间的社会等级冲突。

（1）过道设计。设计牛舍通道时，应使通道的宽度恰好适合于奶牛的体宽和体长，以一头奶牛可以轻松地从另一头奶牛身边走过为宜。水槽和颈夹处的过道长度，要满足当一头牛在饮水或采食时，其身后能同时通过两头奶牛（图23）。同时过道上不应有积粪和污水，防止路面过于湿滑。可以穿靴子进行"芭蕾舞"测试：在牛舍过道，穿靴子进行单脚旋转，若单脚旋转超过一圈，说明过道过于湿滑，需要增加清粪次数，或更换地面，在待挤区可以铺设橡胶垫来增加地面摩擦力。也可观察牛舍地面是否有奶牛滑动痕迹进行判断。同时，地面上不应有小石子等异物，避免奶牛蹄部受伤。

图23 牛舍过道设计

（2）颈夹设计。为了方便奶牛采食，颈夹上端可以适当前倾2～5厘米，相对于完全垂直，颈夹前倾会让奶牛采食时颈部更加舒适（图24）。也可以在顶部加装橡胶垫，减少颈夹碰撞时噪声对奶牛的刺激。观察奶牛信号时，注意颈夹上因磨损而光滑变亮的部分以及奶牛颈部鼓包、皮肤磨损等现象，若发现此现象说明颈夹设计不合理或有突出异物。

图24　前倾的颈夹

（3）卧床。卧床是奶牛休息的主要地方，同时也易被粪便污染。奶牛没有固定的排粪地点，随时都有可能排便，即便是躺卧着的时候，因此为了减少奶牛皮肤和乳房感染病菌的概率，尽量设法将奶牛的粪便排泄在卧床外，而且务必做到每天多次清理卧床。青年牛经常排泄在卧床里，可以根据不同牛的年龄进行分群，不同牛群可根据体长设置挡胸板的距离以减少卧床上的粪便。可以通过计算卧床上的排粪率来进行，用存在粪便的卧床数/总卧床数，若结果大于10%，说明卧床尺寸出现问题，应适当前移挡胸板、下移颈杠或缩短卧床长度。设计不合理的卧床将导致奶牛卧下和起立困难，而且奶牛站立时间将增加，对奶牛的膝盖和飞节都会造成损伤（图25）。

卧床垫料是最重要的，垫料应充足且柔软，沙子和木屑（10厘米厚）是最佳选择。观察卧床是否舒适，可以用奶牛舒适度指标计算。奶牛舒适度指标最早在1996年被提出，现已广泛地用来评估牛舍舒适性。其计算方法是：躺卧牛的数量/牛舍内接触卧床牛的数量；牛舍内接触卧床牛包括站立、躺卧和跨卧床站立的牛。一般而言，奶牛舒适度指标的最大值发生在早晨挤奶回来后1小时，建议此时奶牛舒适度指标＞85%。

图25　卧床设计不合理导致奶牛在卧床排便

奶牛起卧过程中，前腿膝关节起着重要的作用。如果卧床不舒适，会对前腿膝关节造成很大的疼痛和伤害，久而久之，磨损严重，形成大疱。"膝盖测试"可以反映卧床的软硬程度和舒适度，比如有无石子等。亲身体验一下，才能感受到奶牛躺卧是否舒适。

"膝盖测试"特别适用于水泥地面和橡胶垫卧床。具体方法是：在卧床上做站立-下跪-站立动作，连续5次，感受自己的膝关节是否疼痛，以此来判定奶牛卧床的舒适度（图26）。

图26 "膝盖测试"检测卧床厚度

奶牛躺卧时，卧床对其是否舒适有着重要的作用。如果卧床不舒适，奶牛宁愿站立，也不愿意躺卧；如果卧床过短，会侧向一边，甚至横着或倒着躺卧。"躺卧测试"可以反映卧床的舒适度，比如软硬是否合适，垫料是否充足等。亲身躺在奶牛的卧床上体验一下，才能感受到奶牛躺卧是否舒适。"躺卧测试"特别适用于各种种类的卧床。具体方法是：每栋牛舍选择3～5个卧床栏位，每个栏位躺1分钟，感受是否舒适。

（4）运动场。运动场不能积水，要求平坦而略有坡度，运动场路面上不应有石子等硬物，以防止刮伤牛蹄。每天清理运动场上的积粪，定期进行消毒管理。

（5）风扇和喷淋。当外界温度超过25℃时就要考虑采取防暑降温措施，在控制温度的同时也要控制好湿度。风扇的位置不宜太高，以牛抬头舔不到最为合适，口径1米的风扇间隔6～8米设置一个，口径越大间隔越大，喷淋每60厘米设置一个，高度低于风扇，每喷2分钟吹10分钟，要求牛体大面积湿润，但地上不能有积水。

（六）如何实现牛场绿色生态循环

1.牛场污染物的主要类型

牛场的主要污染物分为牛排泄物和废水。牛个体粪便排泄量在各种家畜中最多，牛粪尿的排泄量与品种、性别、年龄、日粮结构及干物质采食量等有关。废水主要包括尿液、部分残余粪便、饲料残渣、冲洗水、防暑降温用水及生活废水等。

2.牛场污染物的绿色生态循环

（1）固液分离与工艺。通过固液分离去除粪浆中的固形物，可降低粪污中的固形物浓度，提高生物处理的效率，还可以减少臭气。固液分离工艺主要有两种，一种是重力分离，另一种是机械分离。

（2）堆积发酵生产肥料。堆积发酵是在微生物作用下使有机物矿物化、腐殖化和无害化而变成腐熟肥料的过程。在微生物分解有机质的过程中，不但生成大量可被植物吸收的有效态氮、磷、钾化合物，而且又合成新的高分子化合物腐殖质。同时粪便固形物经堆积发酵后，更容易处理，便于在田间施用，且产生的臭气显著少于原料固形物。堆积发酵生产的肥料称为堆肥。堆肥可广泛应用于农作物种植、城市绿化及家庭花卉种植等。

（3）生产沼气。将牛场粪尿进行厌氧生物处理，不但净化了环境，而且可以获得生物能源（沼气），同时通过发酵后的沼渣、沼液把种植业、养殖业有机结合起来，形成了一个多次利用、多层增殖的生态系统。主要分为两种处理模式，一种是能源生态模式，另一种是能源环保模式。能源生态模式适合于一些周边有足够的农田、饲草地等消纳沼液和沼渣的牛场。奶牛的粪尿污水经干清粪及固液分离后，粪渣固体经过堆积发酵制成有机肥，集中运输至农田用于基肥和追肥；其余污水则进入沼气池厌氧发酵，产生沼气用作生产、生活燃料或发电；沼液、沼渣则通过专门管道或车辆运输至农田作为液态肥，使粪污得到能源、肥料、饲草多层次的资源化利用，最终达到粪污"零"排放或达标排放。能源环保模式适用于一些周边既无一定规模的农田、饲草地，又无闲暇空地可供建造鱼塘和水生植物塘的牛场。此类牛场必须严格实行清洁生产，干湿分离，牛粪经无害化处理后用于生产有机肥；冲洗的污水和尿液经预处理后，进入厌氧生物处理，而后必须再经过适当的好氧处理，达到规定的环保标准排放或回用，但这种模式工程造价和运行费用较高。

（4）人工湿地处理。人工湿地通常包括三个关键组分：水生植物、微生物和基质。水生植物扎根于土壤或沙砾等基质中，基质支持这些水生植物，而水生植物根系发达，又为各种微生物提供了良好的生存场所。湿地系统成熟后，基质表面和植物根系将由于大量微生物的生长而形成生物膜。污水流经生物膜时，大量的悬浮固形物被基质和植物根系阻挡截流，其中所含的有机物则通过生物膜的吸收、同化及异化作用被降解。人工湿地处理也可与鱼塘结合，提高污物净化效果，即人工湿地上种有多种水生植物，水生植物根系吸附的微生物以污水中有机质为食物而生存，它们排泄的物质又成为水生植物的养料，水生动物、菌藻以及水生植物再作为鱼类的饵料（图27）。

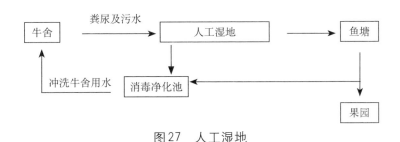

图27 人工湿地

四、饲喂管理

本部分从奶牛营养的角度，论述了如何提高奶牛的经济效益，分别从犊牛和围产牛，这两个奶牛的重要时期的营养特点和营养需要进行说明，并介绍了不同饲料的特点、分类以及增加奶牛饲料转化率的措施和方法，从而进一步提高奶牛日粮中各种元素的利用，减少粪便中的氮磷污染，实现奶牛的生态养殖。

（一）奶牛的营养代谢与调控

从营养学的角度，想把牛养好的基本思想，可简单概括为一个中心、两个基本点。一个中心是围绕瘤胃功能稳定为中心，牧场每一项饲养管理措施都离不开瘤胃功能的控制。两个基本点的第一个基本点是抓好围产期，这个是保证产量的根本，也是赚钱的最根本原因，第二个基本点是犊牛的管理，这个基本点很重要，因为这关系到牧场未来的发展。在这两个阶段能否有效地设计奶牛营养摄入，调控其营养代谢就显得尤为重要。在犊牛阶段最重要的是促进犊牛瘤胃发育、有效的断奶以及减少犊牛疾病的发生。围产期则要从维持体况、提高产奶量的角度来搭配日粮。

1.犊牛的营养代谢

（1）犊牛的阶段划分。犊牛就是0～6月龄以前的小牛统称为犊牛，一般分为：①新生犊牛。出生0～3天，初乳饲喂期。②哺乳犊牛。出生4～60天(断奶)，常乳饲喂期。主要饲料：常乳＋诱食犊牛颗粒料＋少量的优质青草（苜蓿1份＋燕麦草2份）。③断奶犊牛。61～180天（6月龄）。主要饲料：生长期犊牛颗粒料＋足量的优质青草（苜蓿1份＋燕麦草2份）。

（2）犊牛饲养的目标。在56天时，体重达到出生重的2倍；犊牛的死亡率＜5％（好的饲养管理可以达到＜0.85％～1％）；犊牛的发病率＜10％。饲养管理的目标，就是保证犊牛的正常发育，在发挥最大生产潜力的条件下，设法降低饲养费用。美国NRC标准，14月龄体重为370～400千克，成年母牛体重为650～750千克。我国现行饲养标准14月龄体重为280～350千克，成年母牛体重为600～650千克。

（3）犊牛营养代谢的特点。犊牛初生时瘤胃极不发达，容积很小，瘤胃和网胃仅占胃总容积的1/3，10～12周龄时占67％，4月龄时占80％，1.5岁时占85％，发育基本完成。犊牛在1～2周龄时，几乎不进行反刍，至3～4周龄反刍才开始。新生期的犊牛前3个胃不具备消化能力，犊牛吃奶不经瘤胃，直接通过食管沟进入真胃（皱胃），由皱胃分泌胃液进行初步消化。犊牛刚出生时，其消化系统的功能与单胃动物相同，皱胃是唯一发育完全和有消化功能的胃，犊牛主要以吸收液态的牛奶来获取营养。真胃没有淀粉酶，这时只能摄取少量精饲料和干草。要使牛的生产性能得到充分的发挥，必须使其瘤胃尽早充分地发育。

3周龄以后，犊牛瘤胃迅速发育，开始反刍。3～8周龄为过渡阶段，8周龄以后为反刍阶段。犊牛开始吃草料时即出现反刍。随着采食量的增多，反刍次数和时间延长。每天采食量达1～1.5千克时，反刍时间基本稳定。补饲植物性饲料（青干草+精饲料），少喂牛奶，使其在瘤胃中发酵，所产生的挥发性脂肪酸（乙酸、丁酸）可刺激瘤胃、网胃的发育，特别是瘤胃上皮组织的发育，而中性洗涤纤维有助于瘤胃功能的启动和容积的发育。精饲料比例提高，有助于瘤胃乳头的成长；而提高干草比例则有助于胃的容积和组织发育。完全饲喂精饲料使瘤胃发育推迟，瘤胃乳头发育不良。若仅饲喂全乳，8周龄后，瘤胃、网胃容积则相对较小，12周龄瘤胃发育完全停滞。

3周龄以后瘤胃比出生时增长3～4倍，4～6月龄又增长1～2倍，6～12月龄又增长1倍，满12月龄瘤胃与全胃容积之比逐渐接近成年牛。6周龄时，其菌群在很大程度上与成年牛相似；9～13周龄时，其菌群基本上与成年牛相同，菌数与成年牛相等，同时，瘤胃内原生动物也开始生长。

（4）犊牛饲喂。饲喂全奶时，要做到定时、定量、定温、定人。犊牛饲养56～60天，全期全奶消耗量270千克。犊牛料采食量连续3天达到0.7～1千克后，即可断奶。全奶中可能含有有害菌，因此使用巴氏消毒法杀菌后再给犊牛饲喂可以有效地减少有害细菌。全奶饲喂建议用法和用量见表8。

表8　全奶饲喂建议用法和用量（60天断奶）

日龄或周龄	日饲喂次数	全奶用量[千克/（头·次）]
1日龄	3	2.0初乳
2～4日龄	3	2.0过渡奶
5～6日龄	3	2
7日龄	3	2
2～5周龄	3	2
6周龄	3	1.6
7周龄	3	1.3
8周龄	3	1
9周龄	3	0.8

饲喂代乳粉时，从第4天开始过渡饲喂犊牛代乳粉。代乳粉按1∶8的比例用60℃左右的温开水冲调成犊牛奶，冬季的水温可稍高一些，注意千万不要用滚开的水；待犊牛奶降至适宜温度时即可转移至犊牛奶瓶或小桶内饲喂。第一次饲喂犊牛代乳粉占1/4，牛奶占3/4。5～6天，犊牛代乳粉和牛奶各占1/2。第7天犊牛代乳粉占3/4，牛奶占1/4。从第8天开始即全部喂食犊牛奶。犊牛奶每日饲喂3次。每次喂奶后，必须将容器、用具等清洗干净，消毒备用。饲喂

温度冬季应当高一些，大约在40℃，夏季温度稍微低一些，大约在37℃。犊牛饲养56～60天，全期犊牛代乳粉消耗量30～32.5千克。犊牛代乳粉与优质犊牛料配合使用。犊牛料采食量连续3天达到0.7～1千克后，即可断奶。犊牛奶粉建议用法和用量见表9。

表9 犊牛奶粉建议用法和用量（60天断奶）

日龄或周龄	日饲喂次数	犊牛奶用量[千克/（头·次）]	代乳粉日喂量[千克/（头·次）]	犊牛代乳粉奶[千克/（头·次）]
1～3日龄	3	初乳		2.0初乳
4日龄	3	60	0.18	0.5+1.5初乳
5～6日龄	3	120	0.36	1.0+1.0初乳
7日龄	3	180	0.54	1.5+0.5初乳
2～5周龄	3	240	0.72	2.0
6周龄	3	200	0.60	1.6
7周龄	3	160	0.48	1.3
8周龄	3	120	0.36	1
9周龄	3	100	0.3	0.8

（5）犊牛断奶标准。①日龄。断奶天数控制在56～60日龄，大多数断奶采用犊牛年龄作为主要的断奶标准。②日增重。日增重650～700克，体重达到80～85千克。③精饲料摄入量。犊牛料采食量达到预定标准，连续3～5天达到0.8～1.2千克水平后或犊牛达到预期体重60～80千克时可以断奶。④断奶时目标。断奶时犊牛胸围100厘米，体重达到80～85千克，转群并录入系统。

2.围产牛的营养代谢

（1）围产期管理的原则。饲养管理四条线：产奶量、采食量、体况及围产期疾病。

围产期管理的三大障碍：维持体况——解决掉膘（不要动用体膘去产奶，即能量负平衡的问题）。泌乳高峰上不来或高峰期维持不住——增加干物质采食量来维持体膘，解决能量负平衡的问题。解决繁殖——引起泌乳期延长（产犊间隔）发情、配种时间往后延迟，产奶高峰往前移及产科疾病增加。

（2）瘤胃功能的管理。瘤胃功能的管理是奶牛饲养管理的核心，牛场制定的很多饲养管理措施实际上都是在管理瘤胃的功能，在维持瘤胃发酵底物(日粮)、菌种(瘤胃微生物)、发酵条件(酸碱度)的稳定。比如控制日粮的有效纤维量是改善瘤胃的缓冲系统；采用TMR是实现瘤胃底物的均衡供给，实现瘤胃发酵的连续性；定期监视奶牛的反刍状态，调节日粮纤维含量或提高瘤胃乳头的吸收能力，有效提高瘤胃挥发性脂肪酸的吸收能力。

日粮有效纤维：当日粮中有效纤维量不够时，就无法促进奶牛的反刍和倒嚼，这样奶牛产生的唾液量也会减少，进而影响瘤胃缓冲体系的作用。所以，要想维护牛胃酸碱度稳定，日粮中一定要有稳定的有效纤维量，通常在奶牛日粮配合的过程中日粮中粗饲料提供的中性洗涤纤维最好在25%以上，对于高产奶牛而言，日粮中粗饲料提供的中性洗涤纤维低于21%

时就会产生酸中毒的危险。在奶牛日粮中除了保证足够的纤维物质总量,还要保持一定的适宜长度,经常用宾州筛检查TMR日粮,保证日粮中足够的颗粒度,目的就是维护瘤胃完善的缓冲体系,稳定瘤胃的酸碱度,从而保证瘤胃稳定发酵。

TMR:瘤胃发酵系统里面的底物不同会导致瘤胃微生物菌体不一样,当菌体不一样时瘤胃的环境也会发生变化,而经常改变的瘤胃内环境会造成发酵效率降低,最后会影响到产奶量。而当我们使用TMR时,TMR能将各种饲料混合在一起,保证了奶牛每一口日粮都是一样的。在TMR饲喂前提下,奶牛每天每次采食的日粮都是均一的,说明瘤胃系统每天的底物和菌体都相对稳定,瘤胃酸碱度也会处于正常的稳定状态,从而在有效地提高瘤胃的发酵效率的同时维持了瘤胃的健康。因此,提供搅拌均匀质量较好的TMR是管理瘤胃的最有效的措施之一(图28)。

图28 采食TMR的奶牛

反刍情况：奶牛 3/4 的反刍在躺卧时完成，每次反刍持续半小时或更久。每个食团通常要反刍 50 ～ 70 次。含有大量纤维的日粮能增加反刍的次数。如果草团反刍低于 50 次，表明纤维含量不足。

挥发性脂肪酸：奶牛围产期是瘤胃酸中毒的高发期，其中亚临床性瘤胃酸中毒主要是瘤胃中挥发性脂肪酸的产量超过瘤胃乳头的吸收能力所导致的，因此为了避免酸中毒的发生，除了控制日粮有效纤维量，维持瘤胃缓冲系统以外，提高奶牛对挥发性脂肪酸的吸收能力是至关重要的。

奶牛瘤胃黏膜的发展是有规律的。泌乳高峰期时，日粮的饲喂量和能量都比较高，假设此时瘤胃产生的挥发性脂肪酸为 100%，那么干奶期产生的挥发性脂肪酸只有 30%，只需要 30% 的瘤胃吸收面，所以到泌乳后期，瘤胃乳头开始逐渐萎缩。所以要想产犊后能产更多奶，必须在产犊前开始过渡，提前把瘤胃乳头发育起来，等到产犊后随着奶牛采食量的增加（发酵底物），挥发性脂肪酸产量增加，瘤胃黏膜吸收量也会增加，生产的牛奶量也会增加。如果此时瘤胃乳头没有发育好，那么发酵产生的挥发性脂肪酸就会在瘤胃蓄积。

3.三大营养物质的消化与吸收

（1）蛋白质的消化吸收。反刍动物真胃和小肠中蛋白质的消化和吸收与单胃动物无差异。但由于反刍动物瘤胃中微生物的作用，反刍动物对蛋白质和含氮化合物的消化利用与单胃动物有很大的不同。

饲料蛋白质在瘤胃中的降解：饲料蛋白质进入瘤胃后，一部分被微生物降解生成氨，生成的氨除被微生物用于合成菌体蛋白外，其余的氨经瘤胃吸收，入门静脉，随血液进入肝合成尿素，合成的尿素一部分经唾液和血液返回瘤胃再利用，另一部分从肾排出。这种氨和尿素的合成和不断循环，称为瘤胃中的氮素循环（图29）。它在反刍动物蛋白质代谢过程中具有

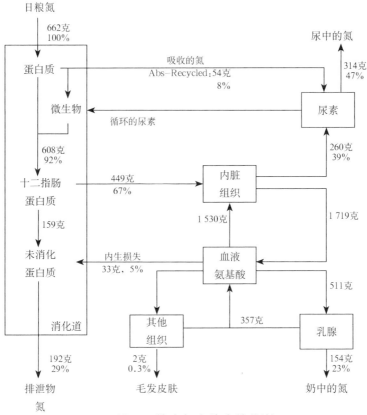

图29　日粮中氮在体内的代谢

重要意义。它可减少食入饲料蛋白质的浪费，并可使食入蛋白质被细菌充分利用以合成菌体蛋白，以供畜体利用。

饲料蛋白质经瘤胃微生物分解的那一部分称瘤胃降解蛋白质，不被分解的部分称非降解蛋白质或过瘤胃蛋白。饲料蛋白质被瘤胃降解部分的百分含量称降解率。各种饲料蛋白质在瘤胃中的降解率和降解速度不一样，蛋白质溶解性越高，降解越快，降解程度也越高。例如，尿素的降解率为100%，降解速度也最快；酪蛋白降解率90%，降解速度稍慢。植物饲料蛋白质的降解率变化较大，玉米为40%，大多可达80%。

微生物蛋白质的产量和品质：瘤胃中80%的微生物能利用氨，其中26%的微生物可全部利用氨，55%的微生物可以利用氨和氨基酸，少数的微生物能利用肽。瘤胃微生物能在氮源和能量充足的情况下，合成足以维持正常生长和一定产奶量的蛋白质。用近于无氮的日粮加尿素，羔羊能合成维持正常生长所需的10种必需氨基酸，其粪、尿中排出的氨基酸是摄入日粮氨基酸的3～10倍，其瘤胃中氨基酸是食入氨基酸的9～20倍。用无氮日粮添加尿素喂奶牛12个月，产奶4 271千克；当日粮中20%的氮来自饲料蛋白质时，产奶量提高。在一般情况下，瘤胃中的每1千克干物质，微生物能利用其合成90～230克菌体蛋白，至少可供100千克左右的动物维持正常生长或日产奶10千克的奶牛所需。

瘤胃微生物蛋白质的品质次于优质的动物蛋白质，与豆饼和苜蓿叶蛋白质相当，优于大多数的谷物蛋白质。

瘤胃微生物在反刍动物营养中的作用也要一分为二：一方面它能将品质低劣的饲料蛋白质转化为高质量的菌体蛋白，这是主要方面；另一方面它又可将优质的蛋白质降解。尤其是高产奶牛需要较多的优质蛋白质，而供给时又很难逃脱瘤胃的降解，为了解决这个问题，可对饲料进行预处理使其中的蛋白质免遭微生物分解，即所谓保护性蛋白质。主要处理方法有：对饲料蛋白质进行适当热处理；用甲醛、鞣酸等化学试剂进行处理；用某种物质（如鲜猪血）包裹在蛋白质外面，这样可使饲料中过瘤胃蛋白增加，使更多的氨基酸进入小肠。

（2）糖类的消化和吸收。①粗纤维的消化吸收。前胃（瘤胃、网胃、瓣胃）是反刍动物消化粗饲料的主要场所。前胃内微生物每天消化的糖类占采食粗纤维和无氮浸出物的70%～90%。其中瘤胃相对容积大，是微生物寄生的主要场所，每天消化糖类的量占总采食量的50%～55%，具有重要营养意义。饲料中粗纤维被反刍动物采食后，在口腔中不发生变化。进入瘤胃后，瘤胃细菌分泌的纤维素酶将纤维素和半纤维素分解为乙酸、丙酸和丁酸。三种挥发性脂肪酸的比例，受日粮结构的影响而产生显著差异。一般地说，饲料中精饲料比例较高时，乙酸比例减少，丙酸比例增加，反之亦然。约75%的挥发性脂肪酸经瘤胃壁吸收，约20%经皱胃和瓣胃壁吸收，约5%经小肠吸收。碳原子含量越多，吸收速度越快，丁酸吸收速度大于丙酸。三种挥发性脂肪酸，参与体内糖类代谢，通过三羧酸循环形成高能磷酸化合物，产生热能，以供动物应用。乙酸、丁酸有合成乳脂肪中短链脂肪酸的功能，丙酸是合成葡萄糖的原料，而葡萄糖又是合成乳糖的原料。瘤胃中未分解的纤维性物质，到盲肠、结肠后受细菌的作用发酵分解为挥发性脂肪酸、二氧化碳和甲烷。挥发性脂肪酸被肠壁吸收，参与代谢，二氧化碳、甲烷由肠道排出体外，最后未被消化的纤维性物质由粪排出。②淀粉的消化吸收。由于反刍动物唾液中淀粉酶含量少、活性低，因此饲料中的淀粉在口腔中几乎不被消化。进入瘤胃后，淀粉等在细菌的作用下发酵分解为挥发性脂肪酸与二氧化碳，挥发性脂肪酸的吸收代谢与前述相同，瘤胃中未消化的淀粉与糖转移至小肠，在小肠中受胰淀粉酶的作用变为麦芽糖，在有关酶的进一步作用下，转变为葡萄糖，并被肠壁吸收，参与代谢。小肠中未消化的淀粉进入盲肠、结肠，受细菌的作用，产生与前述相同的变化。

（3）脂肪的消化吸收。被反刍动物采食的饲料中脂肪，在瘤胃微生物作用下发生水解，产生甘油和各种脂肪酸。脂肪酸包括饱和脂肪酸和不饱和脂肪酸，不饱和脂肪酸在瘤胃中经过氢化作用变为饱和脂肪酸。甘油很快被微生物分解成挥发性脂肪酸。脂肪酸进入小肠后被消化吸收，随血液运送至体组织，变成体脂肪贮存于脂肪组织中。

4.提高饲料消化率的措施

（1）加强糖类的消化。饲料中的糖类经瘤胃发酵产生挥发性脂肪酸，包括乙酸、丙酸、丁酸，是反刍动物最大的能源。挥发性脂肪酸之间的比例受日粮精粗比和粗饲料形态的影响。当日粮粗饲料比例减少或粗饲料太细时，丙酸比例增加而乙酸比例降低，若乙酸比例下降到50%以下，乳中脂肪含量降低而体脂肪沉积增加，这对于育肥牛有好处。此外，糖类的可发酵程度、饲料在瘤胃中停留时间的长短、唾液分泌的多少都影响发酵模式。

养奶牛精饲料不能过多，粗饲料不能加工太细，但这也并不是说不能用精饲料或粗饲料越长越好。据报道，用粗饲料含量高的日粮饲喂奶牛，只能获得较低的产量，因为食入的可消化能太少，而能量损失较大，如果想使产奶量达到6 000～7 000千克，必须供给奶牛较多的精饲料，至少占总营养价值的40%。精饲料量增多，粗饲料量减少，会导致瘤胃内容物酸碱度降低，正常瘤胃微生物区系改变，丙酸比例增高，乳脂率下降，而且酸碱度下降也容易造成胃溃疡等，有时甚至发生酸中毒。为使奶牛适应高精饲料水平的日粮，获得高的产奶量，而又要避免出现不良后果，解决办法就是要控制瘤胃发酵，如在日粮中添加缓冲化合物，如碳酸氢钠和氧化镁等，以使瘤胃内容物维持适宜的酸碱度，各种挥发性脂肪酸间保持适宜的比例。在精饲料较多的日粮中添加碳酸氢钠等缓冲化合物不仅可使乳脂率较不添加者提高，而且也提高了产奶量，主要原因是缓冲化合物还能使其对饲料干物质的采食量增加，并提高消化率。另据报道，日粮中添加碳酸氢钠和氧化镁混合剂可使有机物消化率由69%提高到72%，纤维素消化率由36%提高到48%。建议碳酸氢钠的添加量为日粮干物质的0.8%或精饲料量的1.5%～2.0%，氧化镁为总干物质的0.4%。

（2）促进蛋白质的消化。瘤胃内既有蛋白质的分解，又有蛋白质的合成。瘤胃内蛋白质的发酵有利于将品质差的蛋白质转化为生物价值高的菌体蛋白，同时也能将尿素等非蛋白氮转化为菌体蛋白，但不利于饲料蛋白质通过瘤胃被微生物分解形成大量的氨从而损失，尤其是优质蛋白质，经过瘤胃蛋白质利用率按85%计算，那么通过转变为菌体蛋白再经过肠道吸收，其利用率只有50%左右，所以，必须设法降低优质蛋白质和合成氨基酸在瘤胃中的降解度。其方法有：①热处理。豆粕、棉粕、菜饼等经过热榨工艺，粗蛋白质的降解率降低。②甲醛处理。甲醛对蛋白质具有保护作用，蛋白质在瘤胃中的降解率明显下降。③鞣酸处理。抑制蛋白质分解，促进氮的利用。

瘤胃发酵控制的目的在于减少发酵过程中养分损失。通过改变发酵类型，可以预防疾病，并且提高牛奶的产量和质量。采取适当措施使营养物质特别是蛋白质和淀粉通过瘤胃直接进入真胃和小肠。常用的化学物质有离子载体，如瘤胃素等，可使丙酸产量提高而乙酸和丁酸产量降低，降低饲料蛋白质的降解率；卤代化合物，如多卤化醇、多卤化醛等，抑制瘤胃中甲烷的产生，减少能量损失；缓冲物质，如碳酸氢钠和氧化镁，调节瘤胃酸碱平衡和维持渗透压稳定。

（3）提高粗饲料的消化率。物理或化学处理，如切碎、氨化或碱化处理；增加氮素营养，在日粮粗蛋白质含量较低的情况下，适量添加非蛋白氮，如尿素、双缩脲等，可提高纤维素的消化率，提高必要的可发酵糖类含量，控制脂肪的含量，过量的脂肪对瘤胃内纤维素的消化有抑制作用。添加无机盐，满足细菌对无机盐的营养需要，同时保持瘤胃内酸碱度、渗透压和稀释率的稳定性。精饲料比例太高（超过60%）影响纤维素的消化。

（二）奶牛饲料的选择与加工利用

1.粗饲料

（1）粗饲料的特点。粗饲料体积大，同样重量的精、粗饲料对比，粗饲料体积较大。饲料的体积会影响奶牛日粮的总摄入量，从而影响奶牛的一系列生理机能。粗饲料由于纤维含量较多，尤其是中性纤维含量多，从而比精饲料的能量含量要低。同样重量的精、粗饲料对比，往往精饲料的成本价格要高于粗饲料。用精、粗饲料饲喂相同体质的奶牛，因为含纤维素的差异，粗饲料在消化过程中用时更长，在消化中更容易让奶牛产生反刍反应。

（2）粗饲料的分类。干物质中粗纤维含量大于或等于18%的饲料统称粗饲料。粗饲料主要包括干草、秸秆、青绿饲料、青贮饲料四种（表10）。

表10　粗饲料的种类及其特点

种类	特　　点	典型作物
干草	为水分含量小于15%的野生或人工栽培的禾本科或豆科牧草	青干草、羊草、黑麦草、燕麦草、苜蓿等
秸秆	为农作物收获后的秸、藤、蔓、秧、荚、壳等	玉米秸、稻草、谷草、花生藤、甘薯蔓、马铃薯秧、豆荚、豆秸等，有干燥和青绿两种
青绿饲料	水分含量大于或等于45%的野生或人工栽培的禾本科或豆科牧草和农作物植株	野青草、青大麦、青燕麦、青苜蓿、三叶草、紫云英和全株玉米等
青贮饲料	以青绿饲料或青绿农作物秸秆为原料，通过铡碎、压实、密封，经乳酸发酵制成的饲料	玉米青贮、苜蓿青贮等

（3）粗饲料对奶牛生产的影响。①可以增加奶牛瘤胃容积，特别是围产期奶牛，更应重视优质牧草的饲喂。由于瘤胃特殊的功能和结构，必须采食一定程度的粗纤维，粗纤维填充瘤胃，使奶牛采食后有饱腹感，同时也可以促进瘤胃蠕动和粪便的排泄，保证消化道的正常活动。奶牛在妊娠期间，随着胎儿不断生长，胎儿的体型会越来越大，进而压迫真胃，使真胃和其他一些内脏器官发生位移。如果在奶牛围产期饲

喂合理的优质牧草，使奶牛瘤胃增大，抵制住产犊带来的压力，从而可以在一定程度上防止真胃移位的发生，保证牛只健康。②可以有效地提高原料奶的乳脂率等理化指标。饲料中对乳脂影响最大的就是粗纤维含量。粗纤维在瘤胃内被分解后生成乙酸，而淀粉则能增强瘤胃发酵，降低酸碱度，促进丙酸的生成，乳脂率与瘤胃内乙酸与丙酸比呈正相关。若日粮中的牧草比例低于50%，日粮纤维含量的减少将导致乙酸与丙酸比下降，从而降低乳脂含量。③可以有效地预防瘤胃酸中毒。牧场使用优质牧草，精粗搭配合理的话，那么这个牧场牛群发生瘤胃酸中毒和蹄叶炎的数量就会很少，反之较多。奶牛在采食过多的精饲料后，瘤胃内产生大量的挥发性脂肪酸，由于不能及时被吸收，致使瘤胃酸碱度下降，当酸碱度下降到5.5左右时，瘤胃微生物菌群会发生明显的变化，发酵产生大量的乳酸，继发产生蹄叶炎等一系列疾病。④可以增加干物质采食量，降低饲料成本。饲料中的水分、中性洗涤纤维和酸性洗涤纤维、脂肪含量、精粗比等都影响奶牛干物质的采食量。以采食优质牧草为主时，采食量大于其体重3%是很常见的，这样瘤胃易充满，会限制奶牛采食。其中精粗饲料比例搭配也是很重要的，在精饲料干物质占日粮总干物质的比例不超过60%的情况下，奶牛干物质采食量随着精饲料比例的增加而增加，加大精饲料的投入就意味着饲养成本增加，但这样对奶牛的健康是一点好处都没有的。所以在平日饲喂过程中，可以提供易消化的优质牧草，提高粗饲料的用量，减少精饲料用量，降低饲料成本。

（4）粗饲料质量对产奶量的影响。对奶牛来说，每天的日产奶量不仅取决于精、粗饲料的采食量，而且还取决于粗饲料的质量，奶牛在遇到质量好的粗饲料时往往会多吃一点。所以在奶牛饲料搭配中一定要重视粗饲料的"质"和"量"，让奶牛真正"吃饱"优质的粗饲料，切记不要因为粗饲料的资金投入而放弃。

2.精饲料

（1）精饲料的定义及分类。精饲料是指禾本科和豆科等作物的籽实及其加工副产品，干物质中粗纤维含量小于18%，能量和蛋白质含量较高。按糖类和蛋白质的含量的多少，精饲料分为能量饲料和蛋白质补充料。①能量饲料。指每千克饲料干物质中消化能含量大于等于10.45兆焦以上的饲料，其粗纤维含量小于18%，粗蛋白质小于20%。能量饲料可分为禾本科籽实、糠麸类加工副产品。②蛋白质补充料。干物质中粗纤维含量小于18%，粗蛋白质含量大于或等于20%的饲料。

精饲料主要有谷实类、糠麸类、饼粕类三种。①谷实类。粮食作物的籽实，如玉米、高粱、大麦、燕麦、稻谷等为谷实类，一般属能量饲料。②糠麸类。各种粮食干加工的副产品，如小麦麸、玉米皮、高粱糠、米糠等为糠麸类，也属能量饲料。

③饼粕类。油料的加工副产品，如豆饼（粕）、花生饼（粕）、菜籽饼（粕）、棉籽饼（粕）、胡麻饼、葵花子饼、玉米胚芽饼等为饼粕类。除玉米胚芽饼属能量饲料外，均属蛋白质补充料。带壳的棉仔饼和葵花子饼干物质粗纤维含量大于18%，可归入粗饲料。

（2）泌乳奶牛饲喂精饲料的重要性。奶牛是反刍动物，可以采食和利用大量粗饲料，但是粗饲料容积较大，影响奶牛对干物质的采食量。对于泌乳和生长期奶牛来说，粗饲料通常不能满足其营养需要，通常需要大量的、体积相对较小的精饲料来补充能量、蛋白质、维生素等营养成分的不足，精饲料又可称为精饲料补充料。精饲料补充料是指为了补充以粗饲料、青绿饲料、青贮饲料为基础的草食动物的营养，而用多种饲料原料按一定比例配制的饲料，主要由能量饲料、蛋白质饲料、矿物质饲料和部分饲料添加剂组成，主要适合于饲喂牛、羊等草食动物。这种饲料营养不全价，不单独构成饲粮，仅组成草食动物日粮的一部分，用以补充采食饲草不足的那一部分营养。

3.饲料添加剂

饲料添加剂是指为了某种特殊需要向饲料中人工添加的具有不同生物活性的微量物质的总称。这些特殊需要通常包括强化日粮的营养价值、提高饲料利用效率、增进动物健康、促进动物生长发育、减少饲料贮存期间营养物质损失以及改进动物产品品质等。

奶牛常用的饲料添加剂主要有：①维生素。是用来维持动物正常生长、生产、繁殖和健康，但需要量很小的结构复杂的有机化合物。奶牛与其他物种一样，需要维生素来维持最佳的生产性能和健康。维生素可分为脂溶性维生素和水溶性维生素。脂溶性维生素包括维生素A、维生素D、维生素E和维生素K；水溶性维生素包括B族维生素和维生素C。②微量元素（占体重0.01%以下的元素）添加剂。如铁、锌、铜、锰、碘、钴、硒等。③氨基酸添加剂。如保护性赖氨酸、蛋氨酸，也称限制性赖氨酸、蛋氨酸。④瘤胃缓冲调控剂。如碳酸氢钠、脲酶抑制剂等，酶制剂，如淀粉酶、蛋白酶、脂肪酶、纤维素分解酶等。⑤活性菌（益生素）制剂。如乳酸菌、曲霉菌、酵母制剂等。另外还有饲料防霉剂或抗氧化剂。

4.饲料资源开发与利用

（1）饲料资源开发与利用现状。目前，我国奶牛养殖业常规饲料开发的潜力已经不大，所以开发奶牛非常规饲料是奶牛养殖未来的一个出路。对于常规饲料，大家都很熟悉，如粮食中的玉米、稻谷、麦类、高粱，谷物加工副产品中的米糠、小麦麸，油料加工副产品中的豆粕、棉籽粕、菜籽粕，粗饲料中的青贮玉米、羊草、苜蓿等。非常规饲料是指相对于玉米、稻谷等常用于饲料的粮食而言，那些不经常用到的，但可以用作饲料的物质，如秸秆等农业废弃物、畜禽粪便、糟渣等以农产品为原料的工业副产品或废弃物以及可利用的生活垃圾等。开发非常规饲料原料具有重要意义，一方面是开源，增加饲料原料的供应，另一方面是节约常规粮食，降本增效。同时，资源能得到充分利用，实现增值，有利于环保，如不燃烧秸秆、减少恶臭等。

（2）饲料资源开发与利用案例。①大豆皮在奶牛日粮中使用。在奶牛的日粮中用一定比例的大豆皮替代优质粗饲料，结果发现：随豆皮替代水平升高，奶牛干物质、中性洗涤纤维、酸性洗涤纤维、粗蛋白质和产奶净能采食量显著增加。产奶量、乳脂和乳糖产量无显著差异，乳蛋白产量显著增加。全天采食时间显著降低，反刍时间无显著差异，总咀嚼时间显著降低。全天采食及反刍次数无显著差异。瘤胃平均酸碱度显著降低，瘤胃酸碱度<5.8的时间显著增高。总挥发性脂肪酸及各酸浓度显著增加。②生长阶段对全株小麦营养成分和瘤胃降解特性的影响。通过研究不同成熟阶段全株小麦营养价值和产量的变化，可以为全株小麦应用于奶牛日粮提供理论参考依据。结果表明，不同品系全株小麦的差异较小，而且每个成熟阶段的全株小麦营养价值都很高，从营养价值和瘤胃降解特性来看，拔节期、乳熟期和蜡熟期均优于抽穗开花期，但是乳熟期、蜡熟期有更高的干物质产量，其中，拔节期牧草品质较高是因为植株幼嫩，营养物质含量和降解率都很高，乳熟期、蜡熟期牧草品质高是因为小麦籽粒比重和淀粉含量的增加；结合牧草品质、产量和当地种植结构，建议在乳熟期收割调制全株小麦。

（三）饲料的加工调制

1.青干草制作

（1）青干草的制作方法。青干草调制主要有自然干燥和人工干燥两类方法。田间调制青干草期间，天气条件（气温、湿度、风速、气压、太阳辐射、降雨等）、牧草本身状况（品种、茬次、刈割期等）以及干燥剂（种类、浓度、配伍等）等因素均影响牧草干燥速度。青干草的制作方法见表11。

表11　青干草制作方法

青干草的制作方法	说　明
自然干燥法	自然干燥法是选择适宜的时期和晴朗的天气刈割牧草，然后利用太阳光能和自然风吹等蒸发水分，调制而成。目前大部分国家和地区调制干草仍采用此法，它的特点是简便易行、成本低，无需特殊设备；还可自然产生和保存青干草的芳香物质，干草的适口性较优。但实施过程中难以控制叶片和茎秆同步干燥，营养物质损失较大
人工干燥法	人工干燥法需要通过人工热源，在完全控制牧草脱水的情况下完成干燥过程。人工干燥法调制的青干草品质好，但成本高。人工干燥替代田间干燥，如利用太阳能热风、微波干燥、高温快速脱水等方法，其中以高温快速脱水最具有前景

（续）

青干草的制作方法	说　　　明
物理化学干燥法	为了加快干燥速度可刈割后压扁牧草茎秆，即使用联合割草机将牧草收割、草茎压扁和铺条等作业一次完成；也可在刈割前一天用1.5%碳酸钾水溶液喷洒牧草，以加快干燥，减少叶片脱落

（2）草产品的加工生产。随着牧草生产、加工技术体系的完善，草产品迅速发展。以苜蓿为代表的牧草开发利用的方式逐步由传统的放牧、刈割调制干草、青贮等向集约化、新型技术化、高效化的草产品深加工方向转变，如草捆、草粉、草快、草段、草饼、草颗粒、叶块、叶粒、浓缩液蛋白质添加剂等，其中，苜蓿草捆、草段、草块、草颗粒和草粉是目前奶牛饲料的主要组成。

2.青贮的制作

（1）青贮容器。

青贮窖（分地上、地下或半地下）：俯视形状有圆形、长方形或马蹄形等。长方形青贮窖多见，其深3米以上，宽4～6米，长度不等，以乳牛头数多少而定。窖的四周用砖或石砌成，水泥抹面，不透气，不漏水，内壁光滑垂直或上大下小呈斗形或倒梯形（图30）。

图30　青贮窖

青贮塔：多呈圆筒形，内径为5～9米，塔高9～24米。在塔身一侧每隔2米高，开一个约60厘米×60厘米的窗口，装料时关闭，取空时敞开。青贮塔是用钢筋、砖、水泥砌成的塔形建筑物，占地面积小，青贮容量大，利于装填及压实，但价较高（图31）。

图31　青贮塔

塑料罐或塑料袋青贮：尺寸大小有很多种，要求青贮容器的材料牢靠、密闭和经济（图32）。

图32　塑料袋青贮

选择好青贮容器后，其建造的地势要高燥，土质坚硬，底部必须高出地下水位0.5米以上；青贮场址靠近牛舍饲槽、远离水源和粪坑。青贮设备坚固、不透气、不渗透。大型地上青贮窖可在底部安装水泥漏缝地沟，以收集青贮料汁液。青贮容器内壁光滑，转角要做成半圆形或弧形以利于青贮料下沉和压实。

（2）选用优质原料掌握适当的含糖量。为使乳酸菌大量繁殖，形成足量的乳酸，应使青贮原料呈"正糖差"，即饲料中含糖量应大于青贮时的最低需糖量。其计算公式为：

饲料最低需要含糖量＝饲料缓冲度（％）×1.7

饲料缓冲度为中和每100克全干饲料中的碱性元素，并使酸碱度降至4.2所需的乳酸克数。系数1.7来自每形成1克乳酸需葡萄糖1.7克。经测定，容易青贮的原料具有较大的正青贮糖差，如玉米、高粱、禾本科牧草、甘薯藤、南瓜、菊芋、芜菁、甘蓝等；不易青贮的饲料均为负青贮糖差，如苜蓿、三叶草、草木樨、大豆、豌豆、紫云草、马铃薯茎叶等；可与正糖差饲料混贮，不能单独青贮的原料，糖量极低，如南瓜、西瓜藤等。但添加易溶性糖类，或加酸青贮也可成功。

此外，在选择原料的同时，青贮的原料还必须适时收割（表12），这不仅可从单位面积上收获最大量的营养物质，而且水分和糖分适宜，易于制成优质的青贮饲料。制作优质青贮饲料还应使原料洁净、无污染、不霉烂变质。

表12　几种常用青贮原料适宜收割期

名　称	收割适期
全株玉米	蜡熟期收割，如有霜害，也可在乳熟期收割
玉米秸	玉米果穗成熟，玉米秸下部有1～2片叶枯黄时，立即收割，或玉米成熟时，削尖青贮，但削尖时，采穗上部应保留一片叶
豆科牧草及野草	现蕾期至开花初期
禾本科牧草	孕穗期至抽穗初期
甘薯藤	霜前或收薯前1～2天
马铃薯茎叶	收薯前1～2天

（3）调节青贮原料含水量。成功地调制优质青贮饲料的关键技术是控制青贮原料的水分。青贮原料含水量以65%～70%为宜。原料含水量过低，青贮时难以压紧，原料间隙留有较多的空气，使好氧微生物大量繁殖，使原料发霉腐烂；如含水量过高，则有利于丁酸菌繁殖，使原料腐臭。所以青贮时含水量必须适当地调节。如含水量过高，青贮前应进行晾干凋萎或添加适量谷类、麸皮、干草、稻草等。要随割随运，及时切碎贮存，放置时间一长，水分蒸发，养分损失。

（4）切短与装填。原料切短才能压实，压实有利于排除窖内空气和抑制好氧微生物的活动。据试验，牧草经切短后乳酸菌可由每千克鲜草10^4个增至5×10^8个。对奶牛来说，细茎植物青贮切成3～5厘米即可，粗茎植物切成2～3厘米较为适宜。对青贮玉米秸，要求破节率在70%以上。切短的饲草应立即装填入窖。在装窖前窖底可填充一层10～15厘米厚的短秸秆或软草，然后再逐层（15～20厘米）装填，并及时压实。装满窖后应尽量超出高度60厘米以上，顶部堆成馒头形或屋脊形，以利于排水。

（5）密封与管理。严密封窖，防止渗水漏气是制作优质青贮的关键环节。如封窖不严，进入空气或雨水，必将导致青贮失效。所以，窖装满后在原料上面铺满塑料膜，并用沙袋或石头将周围塑料膜压紧，然后再糊上一层黏泥，最后再覆盖20～30厘米厚的土。密封后应经常检查，遇有裂缝、塌陷、渗漏等应及时采取对策。窖的周围应挖排水沟。

（6）质量评定。根据青贮饲料的颜色、气味、味道、手感来判断青贮饲料的优劣（表13）。饲料的颜色越是接近原来的颜色，即为绿色或黄绿色、有光泽，其质量就越好，如变成褐色或黑绿色，则表明质量低劣。

表13　青贮料质量感观评定标准

等级	颜　色	气　味	酸味	结　构
优良	青绿或黄绿色，有光泽，近于原色	芳香酒酸味	浓	湿润，紧密，茎叶花保持原状，容易分离
中等	黄褐或暗褐色	有刺鼻酸味，香味淡	中等	茎叶花部分保持原状，柔软，水分稍多
劣等	黑色褐色或暗墨绿色	具有特殊刺鼻腐臭味或霉味	淡	腐烂污泥状，黏滑或干燥或黏结成块，无结构

3.秸秆加工利用

秸秆为低质粗饲料，一是干物质消化率低；二是可发酵氮源和过瘤胃蛋白含量过低；三是含有极低生葡萄糖物质；四是矿物质不平衡，利用率低。但其具有优良的物理性状。在粗饲料缺乏地区可作为粗饲料加以利用。据试验，为了提高秸秆的消化利用率，可采用秸秆微贮、秸秆氨化和碱化处理。

（1）秸秆微贮。在秸秆中加入经复活的秸秆发酵活干菌，将其放入密封青贮容器内贮藏。经密封贮藏发酵 3～4 周后，使酸碱度降至 4.5～5.0，秸秆变成具有酸香味、奶牛喜食的饲料。

市售秸秆发酵活干菌每袋 3 克，可处理秸秆 1～2 吨。先将菌剂倒入 200 毫升水中，置 1～2 小时待复活，再将其加入 600～1 200 千克的 0.5%～1% 食盐水中，均匀喷洒于 10 吨秸秆上，调整含水量至 60%～70%，同时均匀撒上 0.2% 玉米粉或大麦粉、麸皮，压实、密封保存。21～30 天后（冬季延长）可开始取用。

试验表明，微贮是改善秸秆适口性和营养价值的一种可行办法。秸秆微贮饲料可以作为一种粗饲料的补充成分。

（2）氨化饲料。切碎的秸秆装置在窖（深度不超过 2 米、长 5 米、宽 5 米）内，通入氨气或喷洒氨水等密封保存 1 周以上。取用前揭开覆盖物，待氨味消失（24～48 小时）后方可饲喂。氨化可提高粗饲料消化率，还可增加饲料中的氮素。各种秸秆氨化剂的用量见表14。如1周内不能喂完，则应将秸秆摊开晾晒，干燥后保存在棚内，以免发霉变质。

表14　各种秸秆氨化剂用量

氨化剂名称		用量（占风干重比例，%）
尿素		2～3
氨水	25%浓度	12
	22.5%浓度	13
	20%浓度	15
	17.5%浓度	17
液氨		3～5
铵氮		4～5

（3）碱化饲料。碱化饲料是指将秸秆类饲料用化学调制法制作的饲料。如用生石灰或3%熟石灰溶液处理秸秆，可把细胞壁部分木质素和硅酸盐类溶解，纤维消化率分别提高10 ～ 20个百分点。用生石灰处理，可增加饲料中的钙质，但蛋白质和维生素则受到破坏。据研究，为了有效利用秸秆，还可有针对性地补加精饲料补充料或补喂优质青饲料或青贮饲料。

4.青绿及块根多汁饲料贮存与加工

青绿及块根饲料应堆放在棚内，防止日晒、雨淋、发霉和霉变。块根类饲料为甘薯、马铃薯、胡萝卜等应采取综合措施加以贮存。

（1）适时收获。即在适当成熟，但不过成熟时收获。

（2）外皮完好无损，有擦伤外皮的、病斑的、虫咬的剔出直接饲喂；受过水涝或霜冻的不宜入窖；胡萝卜、甜菜等贮存前应削去根头；入窖前稍经风干等。

（3）采取窖存，应配通气装置。调温设施，应用旧窖应先将四壁、窖底刮上一层土，并用硫黄重蒸消毒后再用。

（4）调控贮藏条件，经常检查，适时取用（表15）。

表15　块根类饲料贮存条件

种　类	贮存条件		
	温度（℃）	相对湿度（%）	通气管理
甘薯	10~13	85~95	入窖第1个月，次年春暖后，注意通风换气
马铃薯	3~5	90	通风良好，保持黑暗
胡萝卜	1~2	85	通风良好，每月翻堆一次
甜菜	0~4	70~80	通风良好，每月翻堆一次
南瓜	5~10	干燥	空气新鲜

块根类饲料如沾有泥土，喂前应洗涤，并进行击碎或切片。可采用螺旋式块根洗涤机、锤或击碎机等。

5.精饲料加工及贮存

（1）粉碎。玉米、大麦芽谷类和大豆等种子外都有一层种皮。种皮阻碍奶牛的消化酶及瘤胃微生物对种子内养分的消化。为了改善其适口性和提高其消化率，可将饲料种子粉碎。但粉碎不应过细，颗粒以2～3毫米为宜。太细的粒状精饲料对奶牛无益，且增加耗电量。但棉籽以整粒饲喂为好。棉籽表层棉纤维素在瘤胃内即被消化，籽实中脂肪和蛋白质等送至真胃后再被消化。

（2）压扁。玉米、高粱等谷类饲料经蒸煮后压扁，然后快速干燥，其适口性和消化利用率（5%～19%），产乳量、乳脂率及乳蛋白均有提高。但大麦生产效应不如玉米、高粱明显。

（3）制粒。一种饲料或几种饲料经配料、调质（加水脱水或加糖蜜等黏合剂）、混匀、粉碎、造粒、冷却等工艺，将饲料制成均匀的、大小适宜的颗粒。由于颗粒多经加热杀菌，能有效地控制喂料成分，便于贮运饲喂。但往往引起乳脂下降（0.1%～0.2%）。

精饲料应贮存在清洁、干燥、通风的厂库内，严禁与有毒有害物品共存；防止霉变、结块、鼠害、虫害和鸟害，并应有防范措施。

精饲料进出库应有准确记载日期，以便于先入库者先使用。

（四）奶牛的日粮配合

1.奶牛饲养标准

高产奶牛不同阶段营养需要推荐量（干物质基础）见表16。

表16 高产奶牛不同阶段营养需要推荐量（干物质基础）

营养需要	干奶前期	干奶后期	围产后期	泌乳高峰期	泌乳中期	泌乳末期
干物质采食量（千克）	12~14	11~13	17~19	21~24	18~20	16~18
产奶净能（兆焦/千克）	5.4~5.9	5.5~6.2	6.9~7.1	7.1~7.4	6.7~7.0	6.2~6.6
饲料粗蛋白质（%）	11~12	13~14	17.0~17.5	16.5~17	14.5~15.5	13~14
非降解蛋白质（瘤胃难降解蛋白/粗蛋白质，%）	25	35	38	35	33	30
赖氨酸（%）				6.9~7.2		
蛋氨酸（%）				2.1~2.4		
饲料粗脂肪（%）	2	3	5	6	4	3
中性洗涤纤维（%）	40~45	35~40	30~33	29~35	35~40	40~45
酸性洗涤纤维（%）	35~40	25~30	19~21	19~24	24~30	30~35
粗饲料提供的中性洗涤纤维（%）	30	24	22	20	24	26
钙（%）	0.7~0.8	0.4~0.5	0.8~1.0	0.9~1.1	0.8~0.9	0.7~0.8
磷（%）	0.26~0.30	0.30~0.35	0.35~0.40	0.40~0.45	0.30~0.35	0.28~0.30

2.日粮配合的原则及方法

（1）组织饲料的原则。①组织饲料必须贯彻质与量并重的原则。重量轻质或以量代质（以量补质）均不是经济、科学的方法。②要发挥当地饲料资源的优势，最大限度地提高专用饲料地的生产水平，利用现有的饲料资源，并定期做好土壤检测工作。③饲料的选择要着重从"合理日粮"这一概念出发，组织均衡供应。不能脱离实际条件，不惜成本地过分强调某一种饲料的需求。④使用的各种饲料应了解其来源、生产和加工方法，品质，经济价值以及应用后的实际饲养效益。⑤为保证配合日粮的质量，各种饲料要定期或不定期作营养成分测定。

（2）TMR日粮的制作。使用TMR的牛场要根据原料中各营养物质含量的变化及时调整日粮配方，因为不同阶段的日粮中各营养成分的含量都会有所变化，需要对其进行定期分析并且调整饲料配方。

在制作配方之前我们要进行一定的准备工作，主要包括测定奶牛平均体重、产奶量，评定奶牛膘情，参阅产犊日期，合理分群等。饲料配方有两种制作途径，即通过计算机软件直接得出或者手工制作。如果使用计算机制作配方，现在有许多专门生产饲料配方软件的公司，我们可以选择性购买自己需要的；或者也可以利用计算机线性规划，但是这样人为的因素就多一些。用手工算法是比较传统的方式，现在已逐渐被计算机所取代。

一个好的配方得以实施，制作过程尤其重要。要想使TMR的质量达到好的效果，在有好配方的同时，还得注意以下几个方面：

添加顺序：基本原则是先干后湿，先精后粗，先轻后重。添加顺序是干草、青贮、精饲料、湿糟类等。如果是立式饲料搅拌车，应将精饲料和干草添加顺序颠倒。对于有青草的地区，青草应最后添加。

搅拌时间：掌握适宜搅拌时间是确保搅拌后TMR中至少有12%的粗饲料长度大于3.5厘米。一般情况下，在最后一种饲料加入后应继续搅拌5～8分钟。

搅拌效果评价：从感官上，搅拌效果好的TMR日粮表现为精、粗饲料混合均匀，有较多精饲料会附着在粗饲料的表面，松散不分离，色泽均匀，新鲜不发热。无异味，不结块（图33、图34）。水分含量控制在45%～55%，偏湿或偏干的日粮均会限制采食。如果大量饲喂青贮饲料，TMR（水分含量高于50%）中的水分每增加1%，干物质采食量将会降低其体重的0.02%。例：（水分含量为60%日粮－50%的水分含量上限）×（0.02%×625千克奶牛）=10×0.125，即干物质采食量减少1.25千克，而将导致奶牛产奶量下降2.5～3千克。可在牧场的饲料准备室放置1台微波炉和烘箱计量称来完成水分的测定。每周至少测试1次粗饲料的含水量，测定的数据可为TMR中水分含量较高的饲料的选择与添加提供依据。从饲槽管理上评定TMR搅拌效果。要有一致的TMR派料；要保证奶牛有充足的料槽空间，而且每天至少18小时奶牛有料可食；如果每天只饲喂1次TMR，则至少需要推料5次（图35）；24小时剩料低于所喂TMR的3%；做好TMR记录管理。

图33　搅拌效果好的TMR

图34　搅拌效果不好的TMR

图35　未及时推料

加工次数：根据牛群规模和牧场的生产条件，每群牛的日粮应当加工1～3次/天。冬季饲料一般不宜腐败变质，所以TMR每天搅拌1次就可以了。但在夏季高温时，含水量为45%～50%的TMR极易发酵，导致其中所含的微量元素和维生素受到破坏，所以在夏季每天最好搅拌2～3次，并做到现做现喂。

组成TMR常用原料的容重：所有日粮成分本身的特性都可以影响TMR的混合质量，粒度、切割形态、密度、疏水性、静电性以及黏滞性。粒度形状以及密度是影响混合均匀度的重要因素。对于长度来讲，干草的添加水平是决定TMR设备搅拌混合时间的重要因素，干草长度与精饲料粒度的差异将导致混合均匀度的差异。以干物质为基础，玉米青贮和干草在容重上比较一致，但如果所饲喂状态为基础，玉米青贮的容重趋向于大于干草的容重。另外，矿物质成分的容重是其主谷物类饲料的2～3倍，如果单独添加矿物质必将难以均匀混合。

总的规则是，轻的和较大的颗粒趋向于向上部移动，而容重较大的和较小的颗粒向下沉(向下移动)。一般情况下，在制作TMR过程中建议先装载长度大的轻的原料(如饲草)，较重的、长度小的最后再装载。然而，当利用很多种饲料原料进行装载顺序试验时发现，通常原料的混合均匀度都比较差。

（五）提高奶牛饲料转化率的措施

饲料转化效率是一个用来衡量管理和提高泌乳奶牛群将饲料转化为牛奶的能力的工具。通常情况下每千克牛奶与每千克饲料干物质的比例在1.2 ~ 1.8，泌乳早期奶牛动用体贮来生产牛奶，饲料转化效率可高约1.8；而产奶量较低时需要弥补泌乳早期损失体况、或满足发育中胎儿营养需要，后期奶牛饲料转化效率可以低至1.2。

1.粗饲料的转化效率

饲草不仅是奶牛最重要的营养来源，而且对提高牛奶和奶品质量具有不可替代的作用。粗饲料的质量对牛群饲料转化效率的提高至关重要。为了维持瘤胃的健康，日粮中的能量供给应尽可能来自粗饲料，尽量少的来自精饲料。所以，如果要想实现较高的饲料转化效率，不能用低质量、低消化率的粗饲料来淡化粗饲料部分提供的营养。为了确保奶牛能够从每千克饲料中获得最大化的营养，提高饲料转化效率，必须给奶牛饲喂优质、消化率高的粗饲料。奶牛的高产必须依靠较高的干物质(干物质采食量)来实现。提高饲料转化效率不是要少喂奶牛饲料，而是探讨如何提高奶牛摄入的干物质采食量转化效率，从而获得最高的产奶量和奶品质。

2.保持日粮平衡

奶牛生产中应注意日粮平衡，不论一头牛的采食量为多少，其产奶量将被所有养分中供应量最低的养分所限制。只有当此特定养分得到提升，奶牛的产奶量和饲料转化效率才得到提升。当日粮含70%的压扁大麦时，氨化秸秆的消化率只有53%，当按同样比例用甜菜渣代替大麦时，其消化率提高到65%。用玉米纤维补饲或用甜菜渣补饲或用氨化稻草补饲都不同程度地提高了秸秆饲料的利用效率，其作用原理可能是易消化纤维促进了瘤胃纤维分解菌的生长。美国明尼苏达大学通过对2001年美国奶牛科学杂志上发表过的98个日粮进行总结，发现当粗蛋白质饲喂量每天超过4千克，蛋白质转化效率降低。为了提高饲料转化效率，必须给奶牛提供一个均衡的日粮，以确保奶牛能摄入和消化能满足其实现最大化产量所需的营养成分，包括能量，蛋白质，钙、磷常量元素和铜、硫等微量元素。例如铜，奶牛仅需10～15毫克/千克，但如果缺乏，可能导致奶牛出现裂蹄，站立在饲槽吃料时不适，因此不能采食足够日粮，就不能表达出遗传潜力可实现的产奶水平，从而降低饲料转化效率。

3.采用TMR饲喂技术

饲喂方式影响奶牛对养分的利用，传统的饲喂方式，增加饲喂次数将有助于减少瘤胃酸碱度的波动；TMR方式，日粮的正确设计和良好的管理使奶牛全天相对均匀地采食成为可能，且每一口吃进去的饲料都包含比例适当的全部必需养分，可稳定瘤胃环境，促进瘤胃发酵，从而提高饲料转化效率。采用TMR饲喂工艺可简化饲养程序，便于实现饲喂机械化、自动化，与规模化、散栏饲养方式的现代奶牛生产相适应。实际生产中采用TMR饲喂技术，使奶牛不能挑食，营养成分能够被奶牛有效利用，与传统饲喂模式相比，粗饲料转化效率可提高4%。通过对比精粗分饲与TMR饲养，发现采用TMR饲喂方式后奶牛干物质采食量由精粗分饲的14.52千克上升到17.64千克，TMR显著提高了奶牛的干物质采食量。

4.饲喂微生态制剂

乳酸菌用作饲料添加剂能将结构复杂、相对分子质量较大的蛋白质降解为小分子肽和游离氨基酸，更利于胃肠消化吸收；能合成动物所需要的多种维生素(如维生素B_1、维生素B_2、维生素B_6、维生素B_{12}、烟酸、泛酸、叶酸等)；促进微量元素如钙、铁、锌等的吸收；可增强部分维生素的稳定性，其代谢过程中产生的有机酸还可加强肠道的蠕动，降低肠道酸碱度，进而导致宿主对营养素的消化吸收；改善饲料的适口性，提高家畜的采食量及饲料转化率。奶牛作为草食动物，粗饲料在日粮中占的比例较大，并且具有极其重要的作用。生产上为了充分发挥奶牛的生产性能，往往根据其产奶量的增加不断提高精饲料的比例，但精饲料的增加一定程度上会改变奶牛瘤胃的内环境，瘤胃内环境的改变反过来又会影响消化功能。瘤胃功能比较弱的时候粗饲料在瘤胃内的消化率低。在制作青贮时可在青贮原料中添加乳酸菌或者纤维素酶，依靠外源制剂帮助奶牛提高粗饲料的消化利用率，从而提高饲料转化率。

5.奶牛品种和加强奶牛保健

奶牛的遗传基因一定程度上决定了日粮养分在其体内的消化、代谢和吸收，并决定养分在维持、泌乳及其他代谢功能方面的分配比例。泌乳性能好、高产、体重较轻的奶牛其饲料转化率相对较高，乳用型品种牛比肉乳兼用型品种牛在产奶方面的饲料转化率要高。在奶牛生产中，矿物质具有极其重要的作用，影响奶牛消化、代谢和吸收及牛奶在体内的合成。奶牛在正常情况下，其日粮已保证了基本足够的常量元素及矿物质，但往往因地区不同，饲料原料不同，微量元素或多或少存在缺陷，针对不同生产阶段和情况的奶牛，要及时补充微量元素及矿物质，可在奶牛栏舍或运动场悬挂矿物质舔砖，任其自由舔食，防止矿物质缺乏。牛舍保证充足清洁饮用水，保证充足的采食空间和地面舒适度，增加奶牛休息时间和反刍时间，均可提高奶牛对饲料的消化、代谢和吸收，从而提高饲料转化率。

6.日粮配方和饲养管理

优化日粮配方，保证日粮营养的平衡供给，充分满足奶牛对营养的要求，提高日粮消化率。研究表明，饲料转化率与日粮消化率呈显著的相关性。饲料原料的选择应该从饲料品质、适口性、养分含量等着手，然后，参考奶牛对饲料原料常规采食量、生产水平、体况及奶牛饲养标准进行日粮配制。粗饲料占日粮的比例极其重要，日粮中的中性洗涤纤维含量不能低于30%，并且有75%以上的中性洗涤纤维是由粗饲料供应；日粮中非纤维性糖类含量在35%～45%，淀粉含量在20%～30%，糖分在4%～8%；日粮蛋白质满足瘤胃微生物需要和代谢蛋白质需要。由于奶牛是大型动物，其采食量较高，瘤胃代谢快，瘤胃的快速发酵可使瘤胃内环境处于高酸度状态，反过来会影响奶牛的身体状况及其对日粮的消化吸收。在日粮中添加适量瘤胃缓冲剂和碳酸氢钠，一定程度上可调节奶牛机体酸碱平衡，提高奶牛对饲料的消化、代谢和吸收，从而提高饲料转化率。

相同的饲料和日粮，不同的饲养管理，奶牛对饲料的转化率是不同的。奶牛在应激状况下对饲料的转化率低。环境、天气、人员操作、饲养方式等方面带来的应激对奶牛的影响很大。影响程度表现在采食量、消化代谢、泌乳量、发病率等方面。热应激对南方奶牛影响尤其明显，研究表明，39℃环境温度比30℃环境温度条件下的奶牛的饲料转化率下降0.1个单位。奶牛栏舍高度是决定牛栏通风性的主要因素，通风性差，热应激大。另外，饲养密度大，热应激较大。增加防暑降暑设施如风扇和喷淋设施均可有效降低奶牛热应激，能够提高饲料转化率。南方的冬季，奶牛栏舍保证干燥舒适的环境，降低湿冷对奶牛的影响，这一点尤为重要。平时培养奶牛与饲养员的亲和力，态度温和，经常抚摸和刷拭牛体，均能减少对奶牛的应激，提高饲料转化率。在相同的日粮组成条件下，与精粗分饲法相比，采用TMR饲养法的奶牛对饲料养分的消化效果好，饲料转化率高。优质的饲料，其饲料转化率较高。另外，适宜的饲养密度也是提高奶牛饲料转化率的条件之一。

五、生态奶牛场粪污处理

本部分详细论述了生态奶牛场的粪污处理问题。分析了牛场产生污染的类型和危害，并且介绍了国家相关法律和粪污处理原则。对国内外各种粪污处理方法进行详细的说明。最终实现，牛粪处理因地制宜，把奶牛养殖与种植业同步地按比例协调发展，建设良性生态农业，走生态农业之路，把奶牛粪尿变害为利，变废为宝。

（一）奶牛养殖业污染危害及区域现状

近年来，奶牛养殖集约化、专业化、规模化的程度不断提高，我国各地陆续建立起大量的百头、千头规模的奶牛场。为有效缓解牛奶市场的供求矛盾，许多大城市诸如北京、上海、广州等地已经建立起一批万头规模的奶牛场，奶牛业的规模化养殖在大中城市及经济富裕地区发展尤为迅速。但是奶牛代谢旺盛，采食量大，因而在奶牛业飞速发展的同时大量养殖废弃物也随之产生，主要有奶牛粪、尿，牛舍和挤奶厅的冲洗污水及有害气体等恶臭物质，如果不能对其进行及时有效地处理，将会成为严重的污染源，对奶牛场周边环境造成严重的污染，并会危及牲畜和人体的健康。

1.我国奶牛养殖区域特点

目前，我国奶牛养殖主要分布在全国五大区域，分别是：①大城市郊区，包括北京、上海、天津，该区奶业生产规模化饲养程度较高，是我国重要的奶源和奶制品生产基地。②东北内蒙古奶业产区，包括黑龙江、辽宁、吉林和内蒙古，该区是我国最大的以农为主、农牧结合型奶业发展类型，主要以散养和养殖小区为主。③中原奶业产区，包括山东、山西、河南、河北，该区为农区奶业发展类型，主要以养殖小区和散户饲养为主。④西部奶业产区，包括新疆、陕西、宁夏、甘肃、青海和西藏，该区为农区、半农半牧区奶业发展类型。⑤南方奶业产区，包括福建、广东、广西、浙江、云南、四川、江苏，该区为南方丘陵农区奶业发展类型，奶牛的养殖规模化程度较高。我国不同地区奶牛年存栏量见表17。

表17　我国不同地区奶牛年存栏量（2008—2013年）

区　域	2008年	2009年	2010年	2011年	2012年	2013年
大城市郊区（万头）	37.9	34.6	37.3	37.8	37.6	35.3
东北产区（万头）	415.0	453.2	530.0	500.9	497.6	451.4

（续）

区　域	2008年	2009年	2010年	2011年	2012年	2013年
中原产区 （万头）	313.6	329.1	401.4	438.5	457.3	449.0
西北产区 （万头）	272.7	241.1	216.4	225.7	261.3	265.9

　　我国对畜禽养殖业污染防治工作开展得较晚，从20世纪80年代后期才开始进行关注，但对畜禽粪便粪污染的学术研究和防治工作却比较滞后，各级政府对其重视程度也不高。20世纪90年代初期，我国杭州湾遭受了严重的畜禽粪便污染，此事件首次敲响了中国畜禽养殖污染的警钟，并引起各级政府的高度重视。在我国畜禽养殖业中，规模化奶牛养殖具有排污量大和污染物严重超标的特点，因此，奶牛养殖业的污染问题尤为严重。国家环境保护总局于1999—2000年对全国23个省、自治区和直辖市的规模化畜禽养殖污染状况进行了调查，结果显示，全国畜禽粪便年总产量为19亿吨，是同年工业固体废弃物产生总量的2.4倍，其中，全国奶牛粪便年产总量约为2亿吨，约占当年畜禽粪便总产量的10.53%。畜禽粪便化学需氧量的排放量已超过工业废水和生活废水排放总量的总和，河南、湖南、江西、安徽等地区奶牛粪便的化学需氧量排放量已达1 200万吨。据环保部门测定，我国大型奶牛养殖场排放的污水中化学需氧量超标

50 ~ 70倍, 生化需氧量超标70 ~ 80倍, 固体悬浮物浓度超标12 ~ 20倍。奶牛体型大、采食量高、产污量大, 个体粪便的排放量在家畜中占据榜首。2015年全国奶牛存栏达1 594万头, 我国奶牛养殖主要集中在内蒙古、黑龙江、河北、山东、河南、陕西、宁夏、新疆、辽宁、山西10个省份。其中, 内蒙古奶牛存栏量近几年一直居首位, 约212万头, 占全国总量15.4%以上; 其次为新疆和河北, 分别约185万头和181万头, 占全国总量的13.5%和13.2%。按饲养量推算, 奶牛每年可产生粪便约1.6亿吨, 其中约30%的奶牛粪便集中在全国8 000多个大中型规模化奶牛场周围。这使得大中城市周边地带和郊区农村地区单位土地面积粪便负荷量过高, 对土壤生态系统造成了严重的破坏, 同时粪便中氮、磷等养分的淋溶也导致水体的严重污染。

目前, 我国规模化养殖场环境管理水平比较粗放, 废弃物配套处理设施较少, 废弃物处理水平较低, 大部分规模化养殖场缺少环境治理和综合利用设施或机制。我国畜禽养殖粪污已成为与工业废水、生活污水相并列的三大污染源之一。规模化养殖带来的环境污染问题也日益突出, 必须引起我们的高度重视。

2.奶牛养殖废弃物产生的危害

(1) 污染土壤和水。奶牛场是用水大户, 同时也是产污大户, 奶牛场对水体污染的主要来源是奶牛粪尿、牛场冲洗及挤奶厅冲洗等所产生的污水。奶牛养殖污水中含有大量的有机质和氮、磷、钾等养分，污水的生化指标极高。奶牛粪污中的大量有机质和氮、磷等养分若进入水体中，可为藻类和其他水生生物的生长繁殖提供物质条件，极易造成水体的富营养化，进而减少地表水中溶解氧的含量，使水中氨、氮含量增加，使水中鱼类死亡。

奶牛粪便中含有大量的氮、磷和有机质，是一种良好的有机肥，一般应用到农田中供作物生长利用。土壤一般对粪便中的养分有较好的吸收和缓慢的释放能力，但是如果过量施用粪肥就会使土壤的续存能力迅速减弱，导致残留在土壤中的氮和磷渗入地下，促使地下水中的硝酸盐、亚硝酸盐和磷酸盐浓度升高，造成地下水源的污染。

奶牛粪便、污水中含有大量的钠盐、钾盐，如果直接施用于农田，过量的钠和钾离子会造成土壤微孔减少、土壤孔隙阻塞，使土壤因透气性和透水性下降而造成板结，破坏土壤的结构，严重影响土壤质量。

（2）传播人畜共患疾病，危害人类健康，影响畜禽生产。畜禽排放的粪便中含有大量源自动物肠道中的病原微生物、致病寄生虫卵等，且极易滋生大量蝇蛆、蚊虫及其他昆虫，大量增加环境中病原菌的种类和数量，促使病原菌和寄生虫的大量繁殖，造成人和畜禽传染病的蔓延，甚至引发公共健康问题。据《中国环境报》报道，目前已知全世界约有250多种人畜共患病，中国有120种，其中由牛传染的有26种，这些人畜共患病主要以患病动物的粪尿、分泌物、养殖废水、污染的饲料等为载体进行传播。另外由于养牛业属于微利行业，我国绝大多数规模化养殖场产生的粪污在排放前均未进行妥善处理，排放不达标，不仅对环境造成了严重污染，还增加了人畜共患病发生的概率，给人畜带来了灾难性的危害，处理不妥当的粪污会诱发动物疾病，例如清粪不及时，奶牛长期站在粪污环境中易诱发蹄部疾病，还会影响正常生产。

（3）其他影响。畜禽饲料中含有大量的铜、铁、锌、猛、铅、铬、镜、砷等重金属元素添加剂，这些饲料添加剂并不能完全被动物体吸收利用，有很大部分会随粪便排出体外进而对周边环境造成污染。另外，药物残留污染也是影响奶牛业健康发展的一个重要方面，造成奶牛药物污染的物质主要有抗生素类和激素类两种，目前我国已知的饲料添加剂药物中，抗生素、抗氧化剂和激素类药物共有17种，抗菌剂类药物共有11种。动物若采食了这些含有抗生素和激素等添加剂的饲料，残留的药物一般会积存在肌肉、肝和肾等器官中，人类若食用这种肉食会对人体健康产生严重危害。此外这些药物在动物体内不能完全被吸收、分解，通过粪尿排入环境后，会引起生态环境系统的变化。

（二）粪污处理基本原则及相关法规

1.畜禽养殖粪污处理基本原则

为了能够有效地控制畜禽污染物对周围环境造成

的污染，国家环境保护总局在2001年3月颁布的《畜禽养殖污染防治管理办法》第四条中明确提出了"畜禽养殖污染防治实行综合利用优先，资源化、无害化和减量化的原则"。为控制规模化、集约化畜禽养殖业产生的废水、废渣和恶臭物质对环境的污染，促进养殖业生产工艺和技术进步，维护生态平衡，同年12月国家环境保护总局制定了《畜禽养殖业污染物排放标准》。该标准中具体提出了"畜禽养殖业应积极通过废水和粪便的还田或其他措施对所排放的污染物进行综合利用，以实现污染物的资源化"等要求。目前我国畜禽养殖粪污处理遵循的基本原则是"减量化、资源化、无害化、生态化、廉价化、产业化"。在畜禽养殖过程中，我们要遵循这六大原则，逐步减少畜禽养殖粪污排放，使周围的土壤、水体及大气自然生态系统免受污染。

（1）减量化原则。所谓减量化就是积极提倡"清污分流、干湿分离、粪尿分离"，即将雨水和冲洗粪便的废水利用不同管道分别进行收集和传输；将畜禽饲养生产过程中产生的粪便、尿液以不同的方式和渠道分别进行收集、贮存和处置。以前畜禽养殖场污染防治多是对粪污末端处理的研究，对污染产生源头的研究比较少，而要想彻底解决畜禽养殖污染问题，首先应遵循减量化原则，重点控制污染源头，并通过调整畜禽养殖的结构、发展和改善清洁生产工艺等手段来减少养殖粪污的产生量。例如，目前畜禽饲料日粮中氮和磷的吸收率只有30%～50%，我们可以通过改进饲料加工方法或在饲料中添加生物活性物质和合成氨基酸等方式来提高畜禽对饲料营养物质的消化率和利用率，从而减少畜禽粪、尿的排泄量和氮、磷的产生量，同时还可节省饲料，降低养殖成本。另外对养殖生产工艺进行改进，通过雨污分流、干湿分离等方式控制污染物的产生和排放量；充分利用好我国丰富的人力资源，尽量采用干清粪工艺，可以减少污染物的排放总量，降低污染物浓度，从而降低后续处理难度及成本，同时还可保存固体粪便的肥效，为提高资源化水平创造条件。

（2）资源化原则。畜禽养殖业利润低、风险大，属于微利行业，资源化利用是畜禽粪便污染防治的核心内容。我国作为畜禽养殖大国，养殖粪污排放量大，因此在环境管理上要遵循资源化原则。在环境容量允许条件下，遵循生态学和生态经济学的原理，利用动物、植物、微生物之间的相互依存关系和现代技术，使畜禽粪污最大限度地在农业生产中得到利用，实行无污染生产。

畜禽粪便同许多工业污染源不同，畜禽粪便是一种可以开发利用且有价值的资源，粪便中含有大量有机物及丰富的氮、磷和钾等营养物质，是我国农业可持续发展的宝贵资源。畜禽粪便的资源化利用应遵循经济效益、生态效益和社会效益最大限度统一的原则，实现物尽其用。目前，对于畜禽粪污的利用主要有肥料化、饲料化和能源化三个方向。畜禽粪便经过处理后可以作为肥料、饲料、燃料等，具有很大的经济价值。畜禽排放的尿液及废水大量流失或弃之不用也是资源的巨大浪费，利用好畜禽废水中的有机肥，不仅可减轻畜禽废水对环境的污染，也有利于改良土壤结构，提高土壤肥力和农作物产量，是我国农业可持续发展的重要保证；畜禽粪便中含有较高的未被消化的粗蛋白质和多种氨基酸，作为非常规饲料资源深受国内外养殖户的关注；畜禽粪便经过简单的干燥处理后可以作为燃料直接利用，另外兴建沼气工程对畜禽粪尿进行生物发酵处理生产清洁能源沼气，产生的沼渣和沼液可以继续还田，从而实现畜牧业内部的良性循环，达到畜牧养殖业的可持续发展。

（3）无害化原则。畜禽粪便及污水中除含有大量的有机质和氮、磷、钾及其他微量元素等植物必需的营养元素外，还含有大量对人、畜、植物产生潜在危害的病原体和寄生虫等，会给动植物带来潜在的危害。因此，畜禽粪、尿及污水在使用前必须进行无害化处理。畜禽养殖场需要根据《畜禽养殖业污染物排放标准》，选择适宜的处理工艺和技术对粪污进行无害化处理，达标后才能向外排放或还田利用。粪污无害化处理可以防止病菌传播，减少和消除粪污对环境、动植物健康的威胁，减少对农作物生长造成的不良影响，同时可避免随意排放的污水和粪便对土壤、地表水和地下水造成污染，有利于保护生态环境系统。

（4）生态化原则。畜禽养殖污染问题，从表面上来说是环境污染问题，即养殖的畜禽粪污未能及时处理成为环境污染物，但从生态学角度来看，是生态系统的物质循环过程出现了失衡。生态系统的物质循环规律是指植物吸收无机物质通过光合作用合成有机物质，有机物质经过消费者利用，最终被微生物还原分解为可被植物吸收的无机物重返环境。我们遵循物质循环、能量流动的基本原理，充分利用动物、植物、微生物之间的相互依存关系，结合现代科学技术，实行无废物和无污染物生产，这有利于我国种养平衡一体化生态农业、有机农业等生产体系的健康发展。将畜禽粪污返还农田，可以促进畜牧业与种植业紧密结合，以农养牧、以牧促农，实现生态系统的良性循环，是我国解决畜禽养殖污染的主要途径之一。

（5）廉价化原则。畜禽养殖业整体上是一个利润不高，污染又相当严重的产业，同时又是农民脱贫致富的产业，其污染处理难度大，如果治理成本过高将使养殖业难以得到发展，只有通过科技进步，在减量化、资源化和无害化的前提下，研究高效、实用，特别是低廉的治理技术，才能真正实现畜禽养殖业的经济发展与环境保护的"双赢"，这是一条非常重要而现实的原则。

（6）产业化原则。随着养殖场规模和数量的不断扩大，畜禽养殖污染治理工程也越来越受到各部门和各级政府的重视和大力支持。在养殖场相对集中的区域应成立专业队伍，对畜禽养殖废弃物集中收集、集中处理，形成产业化，吸引社会各界投资融资。这种社会化服务必将是社会发展的趋势，畜禽粪污处理产业化不仅可为畜禽养殖场解决环境污染问题，而且为绿色食品生产提供可靠的物质保障，生产出售沼气、有机肥也为农民创造了就业机会，增加了农民收入，实现社会效益、经济效益、生态效益的多赢局面。

2.我国畜禽养殖业法律、法规与行业标准

畜禽养殖环境污染问题是发达国家和发展中国家共同关心的问题，我国关于畜禽养殖污染防治的研究开展较晚，近年来，我国通过借鉴国外发达国家的畜禽养殖污染防治技术和经验，并结合我国国情，针对我国畜禽养殖环境保护问题，颁布了一系列环境保护的法律、法规，一些养殖大省也颁布了与畜禽养殖行业相关的标准、规范和管理办法。

（1）法律层面。目前，我国现有8部与畜禽养殖污染防治相关的法律，其中直接相关的有《中华人民共和国畜牧法》《中华人民共和国农业法》《中华人民共和国固体废物污染环境防治法》《中华人民共和国清洁生产促进法》，间接相关的法律有《中华人民共和国环境保护法》《中华人民共和国水污染防治法》《中华人民共和国大气污染防治法》《中华人民共和国动物防疫法》。

（2）行政法规。国务院于1999年制定并于2001年修订后颁布的《饲料和饲料添加剂管理条例》；国务院2014年颁布的《畜禽规模养殖污染防治条例》，此条例是我国在国家层面制定实施的第一部农业农村环境保护行政法规。

（3）部门规章。主要有国家环境保护总局于2001年颁布的《畜禽养殖污染物防治管理办法》《畜禽养殖业污染物排放标准》《畜禽养殖业污染防治技术规范》；环境保护部2009年颁布的《畜禽养殖业污染治理工程技术规范》，2010年颁布的《畜禽养殖业污染防治技术政策》；农业部1998年实施的《种畜禽生产经营许可证管理办法》，1999年颁布的《畜禽场环境质量标准》，2003年颁布的《无公害食品　畜禽饮用水水质》，2006年颁布的《畜禽标识和养殖档案管理办法》《畜禽场环境质量及卫生控制规范》《畜禽粪便无害化处理技术规范》；卫生部1988年颁布的《粪便无害化卫生标准》。

（三）当前国内外牛场的粪污处理办法

1.几个典型国家的奶牛粪污处理模式

（1）德国的全混合高温沼气发酵工艺。德国能源缺乏，政府一直致力于支持可再生能源的发展。考虑降水量丰富、电能供应紧张、沼气发酵原料丰富等原因，德国政府鼓励奶牛场采用沼气发酵工艺解决牛场粪污处理问题。2004年修订的《可再生能源法》规定：到2020年由可再生能源提供的电能至少达到德国总电能的20%。可再生能源发电补贴措施规定：对新建热电联产工程装机容量在在5兆瓦以上，上网电价补偿金额为每千瓦时2欧分；对沼气发电采用增值税全额退税的政策，增值税率为16%；同时对沼气池建设提供20%～30%的无偿补助费，具体金额由各州根据自身财力自行决定。在这些补贴政策的支持下，奶牛场主3～5年时间内就可以收回奶牛场沼气工程建设的投资成本，因此，从效益的角度调动了奶牛场主利用粪便实现沼气发酵的积极性。除国家政策支持外，沼气混合发酵原料充足也是德国推行全混合高温沼气发酵工艺的主要原因。牛场沼气工程采用计算机控制方式，利用机械设备将牛粪与秸秆混合加入沼气罐。混合装置可使沼气池（图36、图37）内料液实

图36　沼气池

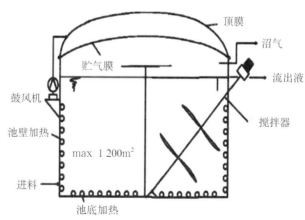

图37　沼气池内部构造

现完全均匀或基本均匀状态，有助于微生物和原料充分接触，加快硝化速度、提高容积负荷率和体积产气率。另外，高温发酵方式可以杀灭牛粪中的人畜共患菌和寄生虫卵，提升装置的卫生效果。

（2）法国的水泡粪无害化处理工艺。法国奶牛饲养都采用夏季放牧、冬季舍养的形式，优质牧草是法国拥有发达奶业的保障，因此法国政府非常注重农牧场环境保护，颁布了一系列环境保护方面的法律法规。如《土壤保护法》规定：排放于土地中的农场污水，每公顷氮的含量为140～150千克。农业污染控制计划规定：通过对养殖企业生产废物的处理和贮存来保护水质，由专业人员对奶业生产者环境保护措施进行帮助和指导。另外，为扶持本国奶业发展，法国政府也实行了一系列奶业补贴政策，对于奶业贷款，国家返还5.5%的增值税。政府强制要求奶牛场采用粪污处理工艺，大部分奶牛场处理粪污都采用水泡粪形式。水泡粪工艺是在牛舍内的排粪沟中注入一定量的水，粪尿、饲养用水一并排入缝隙地板中的粪沟中，贮存一定时间（一般为1～2个月），待粪沟满后打开出口的闸门，将粪沟中粪水排出。对于粪污无害化处理主要有三种方式：第一种是粪污在粪便池自然沉淀一段时间后与农作物秸秆混合发酵形成有机肥；第二种是直接对粪污进行工业化处理，制成有机肥；第三种为利用沼气发酵技术，产生沼气用于发电照明等。由于法国电能充足，而建设沼气池成本又高，因此，法国奶牛场粪污极少采用沼气发酵形式，多数奶牛场采用将粪污经过处理制成有机肥的方式。在将粪污进行干湿分离时，主要采用螺旋式固体分离工艺，分离后无害无味的固体将被制成有机肥出售或者用作农场肥料，而经过无害化处理的废水也将就近排入农田灌溉网络或者河流。

（3）荷兰的液压刮粪板+固液分离+筛分固体压块一体化工艺。荷兰国土面积较小，土地资源宝贵，是畜牧业高度发达的国家。由于没有足够土地来消纳养殖业的粪污，荷兰政府非常注重环境保护和牛场粪污处理，规定每公顷土地超过2.5个畜单位，农场主必须缴纳一定数量的粪便费。荷兰《环境管理法》规定：任何可能对环境造成破坏和污染的活动都必须经过相关政府机关的批准，在此批准过程中，必须进行环境影响的评价和环境污染预防审计。除相关环境保护法律，荷兰政府也出台了一系列补贴政策，帮助解决由畜禽产生的粪污过剩问题，如制订了粪肥长距离运输补贴计划以及将粪便加工成粪丸出口计划，且政府补贴建立粪肥加工厂。受耕地资源制约，荷兰绝大多数奶牛场非常注重粪污的循环利用，其粪污处理采用液压刮粪板+固液分离+筛分固体压块一体化工艺。从粪污收集、干湿分离到干物质深加工都有完善的配套处理设施。粪污收集方式为液压刮粪板全自动定点铲粪（图38），优点主要是缩短了牛粪暴露在空气中的时间，减少了挥发性气体的排放；节省了劳动时间，降低了劳动成本；实现了雨污分离。在粪污集中收集之

图38　刮粪板排出的牛粪

后，统一进行固液分离，优点主要是便于固体物运输；减少了粪污总量；固体物具有好氧稳定性，减少了甲烷排放量。固液分离工序完成之后，污水澄清后直接施用于农田进行灌溉施肥，而残余的固体有机物则利用筛分固体压块一体化技术进行深加工，将剩余牛粪制成有机肥或者燃料棒，增加牛粪附加值。

（4）美国的生态工程模式。根据区位条件的差异、牛场规模的不同以及政府环境政策的制约，美国牛场的粪污处理大致可以分为以下三种处理模式：环保模式，以预处理、厌氧-好氧处理和后处理等手段进行简单堆肥，并使污水达到规定标准排放的简单处理模式；能源-环保模式，在环保模式的基础上，以厌氧发酵制取沼气为核心开发粪污资源，满足基本能源需求以及环保要求；生态工程模式，从农场生态循环系统的角度出发，利用生态工程技术对粪污资源进行综合开发利用，在解决环境问题的同时，又变废为宝，尽可能地利用资源。

对于佛罗里达州、南卡罗来纳州、佐治亚州等墨西哥湾地区中等规模奶牛养殖场而言，由于离城

市较远、经济欠发达、地价较低、土地宽广，且有
滩涂、荒地或其他低洼土等可用作牛场粪污自然处
理系统，这些奶牛养殖场主要利用生态工程模式对
养殖场粪便污水进行处理。生态工程模式分为两种。
第一种是粪污—发酵池—肥料—过滤池—生态池—
精细作物区模式（图39）。具体流程为奶牛场粪污
进入发酵池，经生物分解，沉淀物质用作肥料，液
体流经过滤池，对废弃物残渣等进行进一步过滤截
留，过滤后的液体首先流入生态池，生态池内的植
被吸收液体中的氮、磷等营养成分，经生态池过滤
的液体被还原为清水，进入精细作物区。第二种是
粪污—发酵罐—蛋白质饲料—无土栽培室—池塘模
式（图40）。具体流程为采用刮粪板收集粪便进入发
酵罐制取沼气，能源供全场使用，发酵后的沼渣加
工制成蛋白质饲料，料液首先流入无土栽培室，培
植蔬菜，经无土栽培使用后的料液流入池塘养鱼。

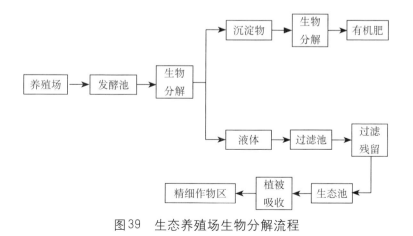

图39　生态养殖场生物分解流程

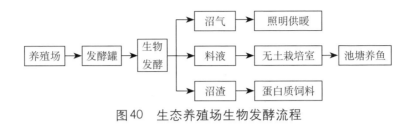

图40 生态养殖场生物发酵流程

生态工程模式最大的特点是充分利用了生态系统中生物和谐技术、物质与能量多层次循环利用技术以及生物种充分利用空间资源技术，实行立体生产和无废物生产。

生态工程模式的优点在于投资较小、能耗少、运行管理费用低、废弃物少、不需要复杂的处理系统、便于管理、对周围环境影响小且无噪声，实现了对粪污资源的综合开发利用，对应了奶业可持续发展的要求。其缺点在于土地占用量较大，处理效果易受外界条件如季节温度变化的影响，并存在污染地下水的可能。

2.我国粪污治理模式的选择

（1）简单的传统堆肥处理。采用堆肥处理工艺进行有机肥生产、有机肥还田利用等，对粪便进行了减量化、资源化、无害化处理，减轻了对环境的污染。好氧堆肥制作有机肥，这种方法在国内牧场运用较多，但普遍存在有机肥销售市场空间不够，制作有机肥的设备、固定资产投资长时间不能收回等缺点；而自然堆放，在春季直接低价卖给当地的农民，充当田间肥料。虽然这种方法运行成本低，但需要大量的堆置场地。由此可见，仅靠简单的牛粪堆肥处理生产有机肥并不是牛场粪污处理的根本办法。

（2）利用牛粪产沼气并发电。厌氧产沼发电，在我国一些大型奶牛场已经开始投入运用。例如河北省张家口市察北管理区现代牧业第一养殖场购进2台500千瓦沼气发电机，利用奶牛粪物发酵后产生的沼气发电，每天发电6 000千瓦·时，供该牧场自用，占总用电量的一半，剩余的沼液还能还田增产，沼渣做奶牛卧床（图41），既环保又节能。但由于牛粪有机质含量偏低，产沼原料中含沙和长纤维，存在产气量低、管路堵塞等问题，而且这种方式的投资、运行成本均较高，需要专业人操作、维护，因此，此种粪污处理方法的推广使用还需要一定时期的考验。

图41　沼渣存放

沼气发电系统由牛粪收集、发酵池、沼气生物脱硫、贮气柜（图42）、发电机组等几个部分组成。通过刮粪板和管道将牛粪收集到发酵池中，在发酵池中牛粪经过发酵可以产生沼气。沼气还需要经过生物脱硫系统，将发酵池中收集的沼气输送至加工生物反应器脱硫塔处理单元，在脱硫塔内通过生物滤床上的微生物消化分解沼气中的硫化氢，将处理后的清洁沼气输送至贮气柜。沼气中的硫化氢或者直接溶解进入生物膜或者被滤料裸露的表面所吸附。硫化氢被滤料床固定后在微生物的新陈代谢作用下被降解为无害的化合物和单质硫排出。贮气柜可以存放大量沼气供发电机使用。气囊为双层，中间为空气，通过中间层空气压力的调节起到缓冲、保护的作用。发电机组是系统中能源转化核心部分，沼气经过净化后，进入发电阶段。发电机组分为控制系统、发动机和发电机三部

图42　沼气贮气柜

分，发动机以沼气为燃料产生动能，动能经过发电机转化为电能，为厂区供电，实现循环经济效益。

（3）部分地区将牛粪晒干后作为燃料，直接为牧场供暖。将牛粪便晾晒经烘干机烘干后，添加助燃剂、黏合剂制成固体生物质燃料，可以直接为牧场和周边的小工厂、浴池、学校及农民使用，且不受季节因素限制。例如，哈尔滨市一家牧场把500头奶牛产生的粪便制成燃料用作取暖，在年节约近千吨燃煤的同时，又解决了令人头疼的牛粪污染难题。

（4）将牛粪进行堆肥处理后，作为牛床垫料。经堆肥和分离处理（图43）后的牛粪，含水率30%，无臭、松软而干燥，可以作为牛床垫料，与其他牛床垫料相比，具有经济、安全、舒适、易处理的综合性能。但是对该项处理技术要求比较严格，因为处理不当，牛粪中容易产生病菌，危害奶牛群体健康。

图43 牛粪分离系统

（5）以牛粪为原料养殖蚯蚓。据悉，蚯蚓可以做家禽饲料，还能做保健品和药材；蚯蚓粪可制成活性复合肥，返回田间作为种植蔬菜、果树、花卉和粮食等农作物的肥料。利用经过发酵处理后的牛粪养殖蚯蚓，可以形成以"蚯蚓产业链"为核心的生态农业新模式。利用牛粪养殖蚯蚓，不仅可以解决令人头痛的环境污染问题，而且在出售蚯蚓获得利润的同时，还可生产出优质的有机肥料，可谓一举多得，真正实现变粪为宝的目标。

（6）对牛粪进行发酵处理，栽培食用菌。牛粪含有丰富的有机质和氮、磷、钾等元素，加入一定的辅料堆制（如秸秆、稻草等）发酵后，可以栽培食用菌，为人们提供鲜美的菜肴。

（7）牛粪生物质资源饲料化利用。由于牛粪各种养分含量丰富，经过适当处理后，可提高蛋白质的消化率和代谢能，同时还可杀死病原微生物和改善适口性，可作为饲料来利用。目前将牛粪饲料化的处理方法主要有干燥法、分解法和发酵法等，此项技术鉴于安全性考虑，我国的应用还很少。

（四）因地制宜的牛场粪污生态治理模式

1.种养结合模式

此种模式对土地依赖较高，适用于有与粪污消纳相平衡的足够的农田、菜地、林地、果园的规模化奶牛场。种养结合模式是指养殖场粪污收

集或处理后主要还田用于农业生产（图44）。养殖
场主要采用干清粪或水泡粪方式收集粪污。清粪
方式不同，处理路径也不同。如采用干清粪方式
收集后的固体粪便，选择堆肥处理较为经济，污
水可通过一定时间的贮存后直接施用；而采用水
泡粪方式收集的粪污选择沼气工程技术较为妥当，
待形成沼渣、沼液后还田利用。种养结合粪肥还
田利用，并不是简单地将粪污泼洒到农田，而是
有计划、科学规范的施肥过程。奶牛场在规划时，
就必须考虑周边农业生产及农业作物特点，按照

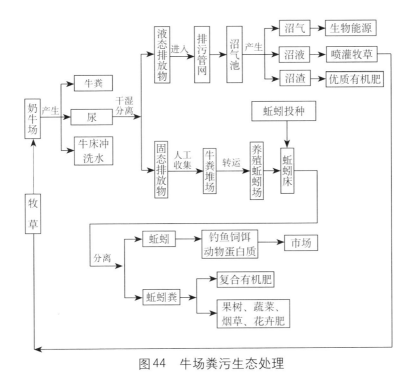

图44　牛场粪污生态处理

粪污产生量和所含有机物质准确计算，做到与种植需求相匹配。同时，要加强粪肥、土壤的成分测定和相关基础研究。此项工作在国外有专门的机构执行，在国内目前还处于空白阶段。粪肥还田前，应保证充分腐熟并杀灭病原微生物、虫卵及草籽等，要限制粪肥中有害金属含量，不达标不得施用。此外，应针对不同季节、作物，明确施肥量、施用方式，避免量少肥效不足、量大烧苗等现象，使肥效达到最高。

2.清洁回用+达标排放模式

该模式适用于位于经济发达地区、周边种植农业少、土地消纳能力不足的规模化奶牛场。清洁回用模式是指养殖场的粪污收集和处理后主要在场区内使用。奶牛场粪污经固液分离后，固体部分通过垫料方式实现清洁回用，不仅能解决粪污存放的问题，还能解决牛床垫料来源问题、降低后续粪污处理难度。与稻壳、木屑、锯末、秸秆等垫料材料相比，牛粪不受市场控制，无需购买；与橡胶垫料比，牛粪成本低，且舒适性、透气性、排湿性较好；与沙比，牛粪不会造成清粪设备、固液分离机械、泵和筛分器等严重磨损，输送时不易堵塞管路，不在贮液池底部沉积，减少清理难度；与沙土比，牛粪松软不结块，有利于后续处理（表18）。在我国，牛粪当作垫料使用的场合主要包括运动场和散栏牛舍中的卧床。

表18　不同垫料间的差异

垫料种类	安全性	舒适性	后期处理	铺设难易	日用量[千克/（天·头）]	单价（元/米³）	购买成本[元/（年·头）]
沙	优	优	难	一般	20	65	468
沙土	良	差	难	一般	20	20	144
牛粪垫料	良	优	易	易	9	0	0

达标排放模式是指奶牛场污水经厌氧或好氧等处理后，出水水质达到畜禽养殖业污染物排放国家标准或城市污水排放标准后，直接排放到环境中，或进入城市污水管网系统，再与城市污水一起进行后续处理。我国奶牛场普遍采用运动场，尤其是雨季，场地冲刷导致污水量大增，不易做到雨污分流，再加上奶厅清洗用水，污水产生的比例要高于其他养殖场。因此，对于没有足够土地消纳粪污的牛场，一定要选择节水型饲养方式和清粪工艺技术，做好雨污分流，从源头上控制污水产生量。牛舍粪污和挤奶厅污水应分别收集处理，这对减轻后续污水处理压力而言十分重要。

3.集中处理模式

集中处理模式是指在养殖密集区，依托一个规模化养殖场或独立的粪污处理企业，对周边养殖场（小区、养殖大户）的粪便或污水进行收集，并集中处理的治理方式，可采取固体粪便集中处理、养殖污水集中处理、粪便和污水同时集中处理等形式。该处理模式只需要在一定区域范围投入一套处理设施设备，建设费用、管理维护成本较低。集中处理的原料来源不拘一格，可广泛利用各种畜禽粪便、农作物秸秆等资源，容易实现专业化生产和高效生产。当然，这种模式的实施需要考虑区域服务范围，收集点与临时收集存放设施的投入，以及防范区域卫生和安全风险。

粪污综合治理可采用多元化处理技术模式，可包含种养结合、清洁回用等多种模式组合，通过不同处理工艺把粪尿进行减量化、无害化、资源化综合处理和利用。

生态、健康、可持续发展道路是世界奶牛养殖业发展的必然趋势。所以说，科学有效处理牛粪污染是促进我国规模化奶牛养殖业健康、可持续发展的必由之路。要以科学发展观为指导，因地制宜，把奶牛养殖与种植业同步地按比例协调发展，建设良性生态农业，走生态农业之路，把奶牛粪尿变害为利，变废为宝。